AF453902

DECLARATION,
INSTRVCTION
ET VSAGE DV
PANTOCOSME,
OV
INSTRVMENT VNIVERSEL,

Concernant les obseruations Astronomiques, Astrologiques, Cosmographiques, Geographiques,
Maritimes, Geometriques, Chorographiques, & autres.

Où sont contenuës 122. Propositions, auec 38. Definitions, & plusieurs
communes Sentences, par lesquelles chacun pourra de soy, non
seulement les pratiquer, mais en inuenter d'autres.

De l'inuention de M. NOEL LEON MORGARD Parisien,
P. Mathematicien.

DEDIE'
AV TRES-CHRESTIEN MONARQVE DE FRANCE
ET DE NAVARRE LOVYS XIII.

A PARIS,
Et se vendent par l'Autheur, pres l'Eglise sainct Hilaire.
M. DCXII.
AVEC PRIVILEGE DV ROY.

PORTRAICT DE L'AVTHEVR.

AD PERITISSIMVM ΑΣΤΡΟΦΙΛΟΝ, D. DOMINVM
MORGARD PRO SVO PANTOCOSMO.

HVc, huc κοσμόφιλοι Sphæram iam cernite mundi :
  Hîc παντοκόσμος cernitur omne decus.
Iam nouus Atlas adest, MORGARDVS, qui mouet ἄρκτες
  Arte nouâ : ἀντίποδας cernere prope facit.
Gloria magna tua est, LVTETIA : sæclaque dicent,
  Nominé MORGARDI, gloria maior erit.

A LVY-MESME.

TV fais, docte MORGARD, par vn art tout nouueau
  Voir en ce Pantocosme, ainsi qu'en vn tableau
Les diuers mouuemens de cest ordre Sphærique,
Depuis l'haut pole Arctic, iusqu'au bas Antarctique.

  Et comme vn autre Atlas soustient le faix pesant
De ce grand Zodiac, tousiours piroüetant
En ses douze maisons, tu monstre des années
Les reuolutions, puis hault, puis bas tournées.

  O bel art tout diuin ! qui te rend admirable
Aux plus sçauans, à nous sublime, inimitable,
Soit donc ton beau sçauoir, & ta dexterité
Chantez sur les autels de l'immortalité.

IEAN PHILIPPE VARIN.

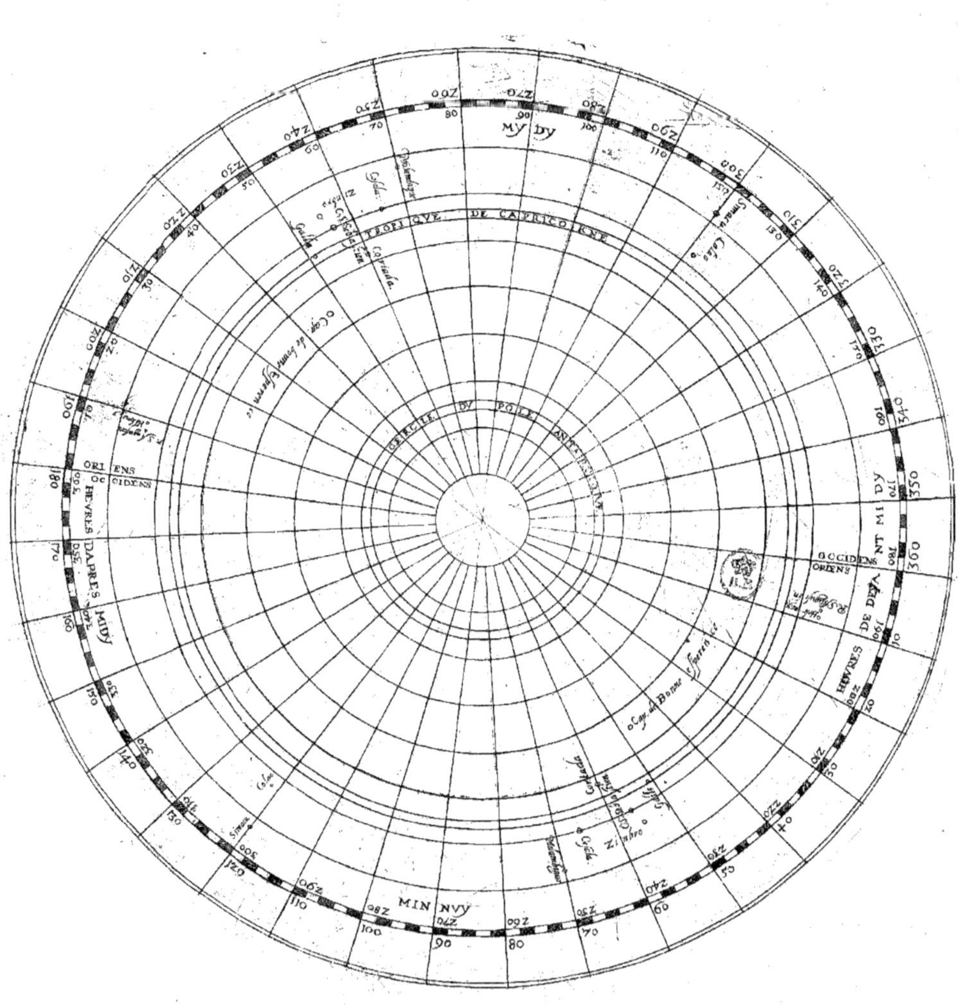
MY DY
TROPICQVE DE CAPRICORNE
CIRCLE DV POLE ANTERCTICQ
ORIENS
OCCIDENS
HEVRES DAPRES MIDY
OCCIDENT MIDY
ORIENS
HEVRES DE DEYA
MIN NVY

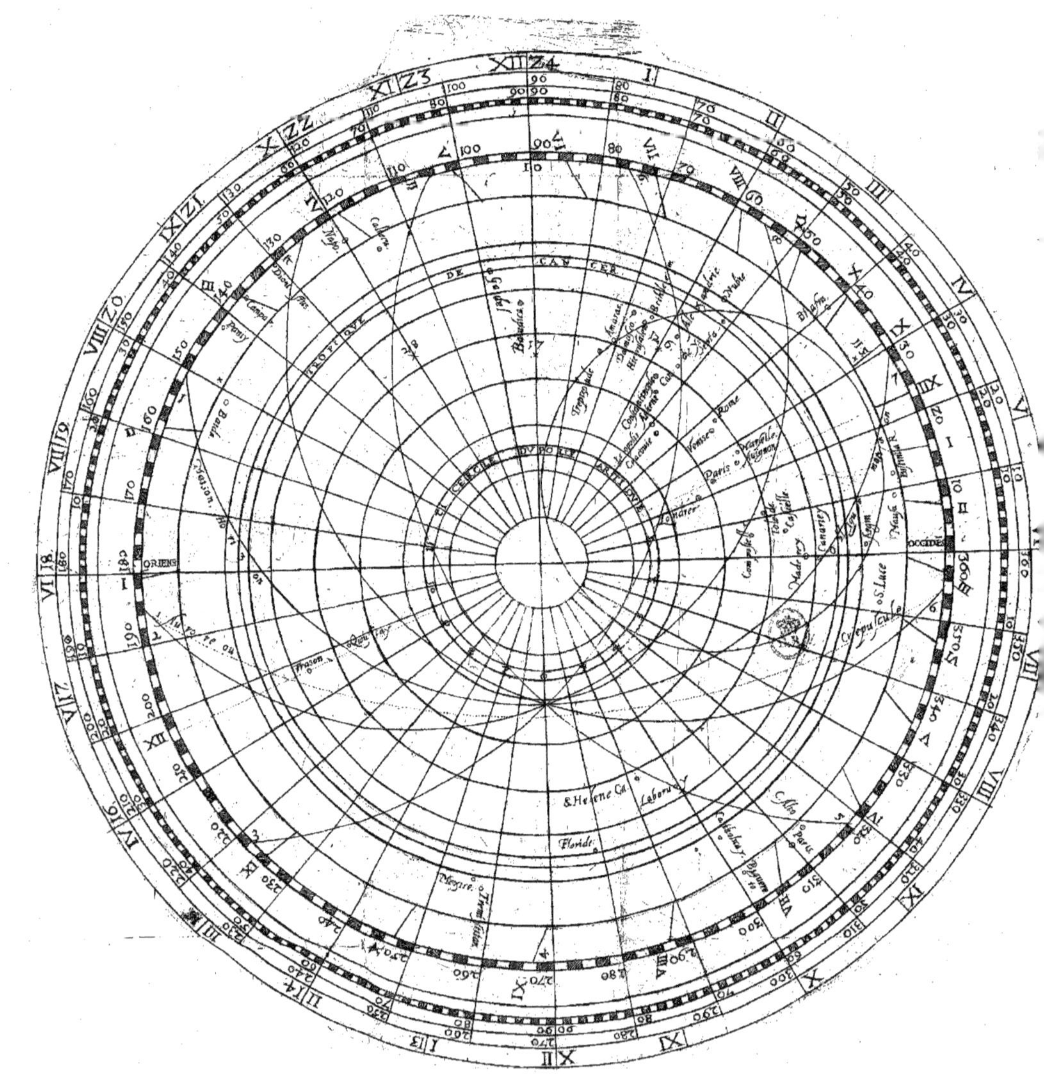

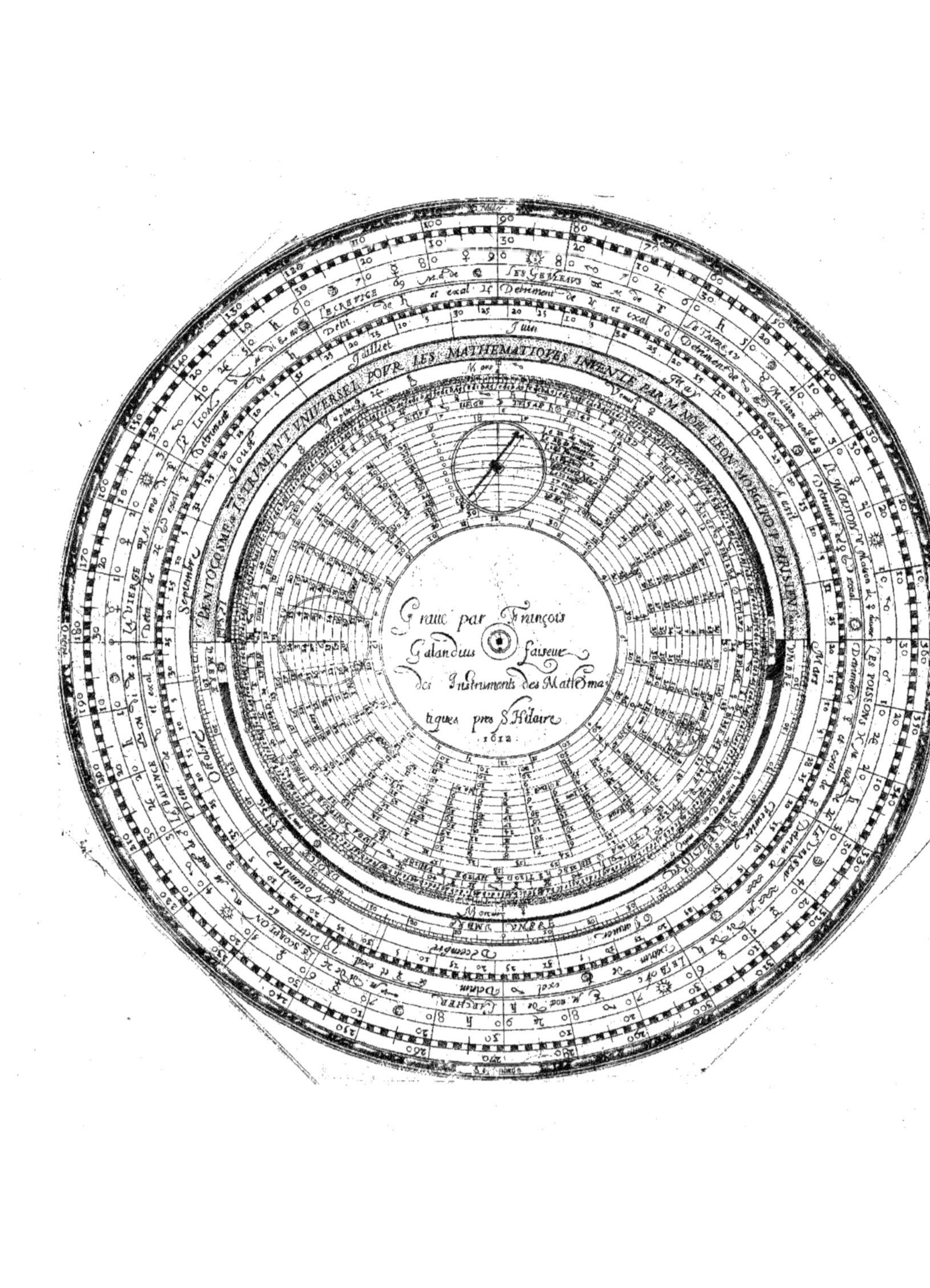
INSTRUMENT UNIVERSEL POUR LES MATHEMATIQUES INVENTE PAR M. NOEL LEON MORGUOT PRISMS
Grauè par François
Galandius Faiseur
des Instruments des Mathèma-
tiques pres S. Hilaire
1612

DECLARATION
DES PARTIES DV PANTOCOSME,
COMMENÇANT A LA DIVISION.

ANTOCOSME est vn instrument plat & rond, composé de plusieurs lignes, tant droites que circulaires, lequel est diuisé en deux fasses, l'vne d'icelles se nomme la mere, & l'autre le dos du Pantocosme.

LES NOMS ET PARTIES DV DOS.

E dos d'iceluy contient plusieurs cercles, & deux principales lignes diametrales.

Celle qui commence à Midy & finit à Septentrion, se nomme la ligne Meridienne : Et l'autre ligne commençant en Orient, couppant ladite Meridienne en angles droits ou centre, se nomme la ligne de l'orizon.

Le premier des cercles (qui est le plus grand, proche du bort) contient le nom des quatre parties du monde, qu'on trouue à l'aide d'vne Boussolle, qui est dessus ladite ligne Meridienne aux cercles des festes variables.

Dessous ce cercle est vn autre qui commence au premier du Mouton (ce que font aussi les cinq cercles de dessoubs) & suit vne progression de 10. en 10. iusques à 360. Par iceluy sera remarqué (le referant au cercle de dessoubs, marqué de blanc & de noir) non seulement plusieurs obseruations Astronomiques, mais aussi pratiqué l'vsage du Graphonmettre & autres de ceste forme, auec plus grande facilité, veu sa rotondité & progression: de sorte que par luy sans Arithmetique se pratique la Geome-

trie,& Chorographie:Tirant au centre suit le cercle, marqué
de blanc & de noir,lequel se refere (comme dit est) au nombre
de dessus luy,comme aussi aux deux de dessoubs,& a plusieurs
offices.

Le premier nombre de dessoubs est au quatriesme cercle,&
suit vne progression de 10. en 10. n'excedant 30. degrez,qui est
ce qu'ont chacun des douze signes du zodiaque,par le moyen
duquel il sera facile sçauoir quel est celuy que les luminaires &
autres planettes possedent,ensemble les regards qu'ils ont tant
ensemble qu'auec les Estoilles.

L'autre suit de 10.en 10. iusques à 90. par lequel s'obserue la
hauteur de tous astres,& en l'espace de chacune dizaine se trouue vn caractere de quelque planette,qui monstre que ceste dizaine est la face de la planette.

Au dessoubs est vn cercle,diuisé en 12. parties égales,conte-
nant chacune vn nom &caractere du signe du zodiaque:ensem-
ble si iceluy est maison de iour ou de nuict,de Mars ou autre,au-
quel quand vn planette se trouue en sa maison ,il a ces cinq
dignitez & plus grand forces.

Apres suit vn cercle qui demonstre si celuy des signes est l'e-
xaltation ou detriment de quelque planette.

Dessoubs iceluy s'en trouue trois,desquels le premier est diuisé en 365. parties égales , representant les 365. iours de l'an,
parquoy s'appelle cercle des iours,& sont chacuns representez
par vne marque blanche ou noire.

Le second contient le nombre desdits iours marquez en
chiffre,n'excedant 31. qui est la quantité du plus long mois de
l'an,selon la supputation tant Iullienne que Gregorienne.

Le troisiesme contient le nom des mois,qui sont 12. en l'an,
separez par 12. petites lignes,correspondantes en proportion au
cercle des signes du zodiaque,pour sçauoir en tous mois & iour
d'iceluy proposez les degrez que possedent les luminaires au
zodiaque.

Dessoubs ces trois cercles se trouue trois demy cercles,ser-
uant à la Geometrie,representant deux quarrez Geometriques ;
iaçoit qu'il tienne la forme circulaire ; nous les auons tellement
proportionnez qu'il ne déroge en rien de la proportion du

quarré : le premier est marqué depuis l'Orient tirant à minuict, & de minuict à l'Occident par 4. fois 60.

Le second est marqué de chiffres par vne progression de 10 en 10. iusques à 60. qui est vn des costez du quarré : & ayant quatre fois ceste progression, monstre que ce sont deux quarrez Geometrique.

Le troisiesme contient l'ombre droite, & verse desdits quarrez, par la composition desquels sera mesuré toutes longueurs, largeurs, selõ ce qu'en a escript Peletier Chauuet & autres, auec plus de subtilité, & moins de subjection.

Suiuant, tirant au centre, se trouue deux cercles : celuy qui est le plus proche du cercle des vmbres se nomme excenterique, & l'autre concenterique, par lesquels est non seulement enseigné à congnoistre les 7. planettes & queuë du Dragon, mais aussi est remarqué les endroits où il faut poser l'index pour faire l'angle du triangle Equilateral, quarré, Pantagonne & autres dessus terre, ainsi qu'il est facile de congnoistre, & cest index monstre au Zodiaque de combien de degrez sera la largeur de chacun angle.

Dessoubs iceux ensuit deux, diuisé en 365. parties, se referant aux 365. iours, l'vn monstre le cicle des Epactes, par lequel sera trouué la nouuelle Lune, son aage, Pasques & autres speculations, & l'autre monstre les lettres feriales pour sçauoir s'il est Mardy, Mercredy, ou autre vn chacun iour : suiuant est vn cercle où sont les caracteres des 5. planettes, qui referé au cercle du Zodiaque, monstre quand vn planette est en son terme.

Apres tirant au centre, se trouue vn cercle diuisé en 28. parties égalles, qui sert à deux offices, premierement la lettre qui accompagne le chiffre depuis vn iusques à 28. monstre la lettre Dominicalle, & le caractere du planette monstre celuy qui a quelque denomination cet an : Derriere lequel caractere se trouue des lettres qui sont referées aux temperatures du temps auquel est enclin ceste mention, comme lors qu'on trouue en la premiere P, H, signifie pluuieux & humide temps, la seconde F, S, est froid, sec, & ainsi des autres, selon leurs lettres.

Dessoubs se trouue deux cercles qui pourront seruir l'vn à la reuolution de Saturne, & l'autre à la reuolution de Iupiter &

Mars: car l'vn est diuisé en 30. parties égalles, qui sont 30. ans, l'autre en 24. qui sont 12. ans, prenant deux pour vne pour la reuolution de Iupiter ou referé à 24. mois est les deux ans de Mars: Apres suit 9. cercles qui monstrent les festes variables qu'il est facile de cognoistre par l'index Solaire.

Tirant au centre se trouue trois cercles, le plus grand qui est le premier monstre le nombre d'or, par la congnoissance duquel estant referé dessoubs on trouue que le second monstre l'Epacte, courant auec le nombre d'or, & le trois la concurrence. En l'espace de la largeur de ces trois cercles & 9. precedent, nous auons appliqué vne Boussolle pour plusieurs obseruations.

Finalement se trouue vn cercle que nous appellons Horaire Lunaire.

Dedans ce cercle Horaire Lunaire se met vn index qui demonstre l'office d'vn chacun cercle, & dedans le Lymbe ou tour de cest index se trouue trois cercles, desquels le plus grand demonstre la nature & qualité du premier, second, tiers & quatriéme quartier de la Lune.

Apres ce plus grand cercle suit le second qui est diuisé en 59. parties, & represente les 59. demy iours, & quelqu'vne heure 13. minutes que la Lune est à faire son tour d'vne conionction à l'autre.

Le troisiesme est diuisé en 29. parties égales, & 13. heures 13. minutes, representé par $\frac{1}{2}$ qui est la correspondance des 59. demy iours jadis: Apres ces trois cercles sur le mesme index est esleué vne platine de cuiure ou matiere, qui excede de l'espesseur d'vn index, qui tient l'index Chritique, dessus lequel se met le Lunaire où sont les aspects.

Les noms & parties de l'autre face, appellée la Mere.

LE premier bord se nomme Limbe ou marge, où est vn cercle contenant 24. espaces, par le moyé desquelles sera trouué les heures par la relation de celuy de dessoubs, qui est vn cercle qui commence à vne progression de 10. en 10. iusques à 360. & represente l'Equinoxial: il est diuisé en quatre parties égales par deux lignes diametrales: Apres suit vn cercle qui est diuisé en 4. fois 90. & se rapportent tous deux au cercle marqué de blanc & de noir.

Ce cercle marqué de blanc & noir monſtre que 15.degrez de
360.valét vne heure égale d’horloge,ou de iour naturel,& chaſque partie de ces 15.valent 4.min. ainſi chacune de ces 24. heures aura 60.minutes,& le referant au degré du Zodiaque,cha-
cun degré vaut 60.minutes, & la minute 60.ſecondes :& reſtant
ce nombre de 360. à l’Equateur,ſoubs lequel ſe faict l’Equinoxe,tant du Printemps que d’Automne,il ſera pris pour le cercle
des longitudes ou longueurs,& Meridié vniuerſel,qui peut ſeruir & eſtre pris pour tous Meridiens,& vn degré d’iceluy repreſente 30.lieuës Françoiſes,& les 30. lieuës Françoiſes 15.d’Allemagne,&le degré vault 60.minutes,deſquelles deux valent vne
lieuë,ainſi qu’il ſera dict.

Tirant au centre de l’inſtrument dedans la concauité de la
Mere,eſt colloqué noſtre globe terreſtre,qui eſt diuiſé en deux
faces,deſquelles la premiere repreſente tous les Septétrionaux,
& l’autre les Meridionaux: celle des Septentrionaux,qui eſt la
premiere,eſt compoſée de pluſieurs lignes,tant droites que circulaires, & eſt limitée du Limbe par l’Equateur:& le milieu où
eſt le centre de l’inſtrument repreſente le pole Arctique ou Septentrional,duquel ſortent 36. lignes droites,toutesleſquelles ſe
terminent audit Equateur,& ſont diſtinguées de 10. en 10. degrez iuſques à 360. & ſont appelées Meridiennes,deſquelles le
principal eſt celuy des Iſles Canaries,qui eſt celuy qui paſſe par
l’iſle de Madere,& eſt dit le principal,à cauſe qu’il eſt ſitué au
vray Occident,& que c’eſt à luy auquel ſe commence à compter la longitude de tous lieux ou regions,& qu’il repreſente le
couleure Equinoxial & ſaxe du monde,& que luy auec le couleure Solſtitial qui eſt le Meridien,qui paſſe par la ligne de 12.
heures, diuiſe tout le monde en 4. parties égales,à ſçauoir en
Orient, Midy, Septentrion & Occident.

La couleure ſolſticiale & vnze autres Meridiennes auec elle
ſert à monſtrer les heures inégales ou planetaires.

Il y a d’autres cercles inégaux,qui ſont paralleles à l’Equateur,& ſont diſtingués de 10. en 10. & ſont 8. en nombre,auec
le Tropique de Cancer & le pole Arctique,qui ſont plus appa-
rens que les autres.

Dedans la concauité de ceſtedite Mere,ſur noſtre globe terreftre, s'applique le globe celefte, que nous nommerons autrement l'arene ou lerete, laquelle reprefente en foy tous les cercles de la Sphere hors l'Equateur, qui eft reprefenté par le Limbe:& le cercle Meridien, qui eft reprefenté par vn index, qui fe met deffus, & la diuifion de ce globe en ces parties eft telle.

Apres l'Equateur, qui eft le Limbe & vn cercle diuifé en quatre autres cercles, iceluy reprefente l'orizon mobile, & ces 4. cercles qui font audeffus quant au plus grand proche du Limbe, contient le nom & caractere des 12. fignes du Zodiaque: le fecond contient les chiffres qui correfpond au quatriefme où font les degrez des fignes du Zodiaque, que l'on aura remarqué au dos du Pantocofme que l'on rapporte fur iceluy pour plufieurs obferuations, le troifiefme monftre les faces des planettes pour les maifons.

Ce cercle de l'orizon eft diuifé en 4. parties égales par deux lignes diametrales, defquelles celle qui paffe par le premier poinct du Mouton fe terminant à la Liure reprefente le couleure Equinoxial celefte, & le vray poinct Occidental, & fon oppofé l'Oriental.

La ligne diametrale qui paffe par le premier du Cancer & du Bouc, couppe la ligne Equinoxiale en angles droits au centre de l'arene, laquelle ligne reprefente la couleure folfticiale, & les extremitez d'icelle qui eft au Bouc & Cancer, reprefentent le Midy & Septentrion, felon leur face où ils font appliquez.

Sur cefte couleure eft caracteré vn nombre commençant à vn, & finiffant au pole à 19. & icelle monftre les 19. climats, felon François Mauroly, Henry Glareau, & Martin Borcha: & de l'autre cofté du pole fuit vne progreffion, commençant à l'orizon à reprefenter 12. & croift de demy heure en demy heure de la largeur d'vn climat iufques à 24. heures, & de 24. heures fuit de deux mois en deux mois iufques au pole: & par cefte progreffion fera facilement congnu la longueur du iour & de la nuict de chacun habitant de la terre aux folftices, felon la fcituation de leurs climats.

Tirant de l'orizon au pole, fe trouue vn cercle à la latitude de 23. degrez 30. minutes, iceluy eftant referé à la face Meridionale, reprefentera le tropique du Bouc, & à la Septentrionale celuy de Cancer.
Ce

Ce cercle des Tropiques est diuisé en 24. parties égales, qui representent les 24. heures du iour naturel, par le moyen duquel sera congneu quelle heure il est en toutes les villes & pays du monde, à faire des horloges pour toutes éleuations &autres obseruations.

Du premier du Mouton &des Poissons sort vne oualle poinctuë, qui entre en latitude iusques au Tropique, & icelle se termine à la Liure ou à la Vierge, elle represente l'Ecliptique par le moyen de laquelle il sera facile de sçauoir sur quelles villes & regions passent chaque planette tous les iours proposez.

Ceste Ecliptique est diuisée en 4. fois 23. degrez 30. minutes, qui represente les 4. declinations du Soleil, tant lors qu'il va aux Meridionaux, que quand il vient aux Septentrionaux.

A 23. degrez 30. minutes du centre de l'instrument tirant à l'Equateur est vn cercle, lequel appliqué aux Septentrionaux represente le pole Arctique, & pour les Meridionaux l'Antarctique; & sur iceluy sont deux fois 12. heures, qui sont les heures de deuant & apres midy.

Dessus ce globe s'applique vn index qui represente vn Meridien vniuersel pour tous lieux & regions, dessus lequel y a vn nombre de chiffres qui croist de 10. en 10. commençant à l'orizon, & finissant aux poles, par lesquels on aura toutes latitudes.

Voila donc l'orizon premiere, l'Ecliptique seconde, les deux Tropiques quatre, les deux poles six, les deux couleures huict, le Meridien neuf, & l'Equateur dix, qui sont les dix cercles celestes, referez aux terrestres, monstrent que le Ciel & la terre sont diuisez en cinq zones, ainsi qu'il sera dit.

Or l'orizon representant les 12. signes du Zodiaque en sa circonference, il faut s'imaginer que tous les autres signes, tant Meridionaux que Septentrionaux, qui sont 47. en nombre, sont contenus en la superficie du cercle de l'orizon, les Septentrionaux qui sont 21 sçauoir la petite Ource premiere, la Grande 2. la Harpe 3. le Dragon 4. Cephée 5. le Bouuier 6. la Couronne 7. la Grenouille 8. le Cygne 9. la Cassiopée 10. Percée 11. le Chartier 12. le Serpentier 13. le Serpent qui tient le Serpentier 14. la Sagette 15. l'Aigle 16. le Daulphin 17. le Cheual coupé 18. le Pegase 19. Andromede 20. & le Triangle 21.

ē

Les 14. autres font Meridionaux, & font iceux la Baleine 1. Orion 2. le Fleuue 3. le Liévre 4. la Chienne 5. Canicule 6. la nef d'Argos 7. l'Hydre 8. la Taffe 9. le Corbeau 10. le Centaure 11. la befte qui tient le Centaure 12. l'Autel 13. & la Couronne Auftrale : en iceux & és douze fignes du Zodiaque font contenuës toutes les Eftoilles fixes, tant Arctiques qu'Antarctiques, defquelles nous auons reprefenté les plus grandes en magnitude que nous auons appliqué en noftre globe celefte, en mefme fituation qu'ils font au firmament.

Dauantage il y a vn cercle où font encore les 12. fignes, & où font les degrez de l'Ecliptique, pour dreffer les douze maifons felon Mon-royal.

Deffoubs noftre globe celefte nous auons mis le quarré de la nauigation que nous auons reduict en rond, compaffé & diftingué en telle forte qu'il ne déroge en rien du vray quarré : iceluy reprefente auffi l'orizon, lequel eft diuifé en quatre parties efgales, defquelles chacune contient le quart d'iceluy (que lon nomme vulgairement quarte) : & pour la commodité de la nauigation, les pilotes de noftre temps ont fubdiuifé iceluy en 32. parties égales defquelles chacune contient vn vent.

La denomination defquels eft telle.

Soit le quarré reduict en rond, duquel chacun cofté eft diuifé en deux parties égales par la Meridienne, & celle de l'orizon, & la ligne Meridienne, qui eft celle qui va du Sud, paffant par le centre iufqu'au Nort, reprefente le Meridien de chacun lieu propofé, & la ligne de l'orizon le parallele, qui paffe par ledit lieu propofé, & icelles lignes fe coupent en angles droits au centre du cercle : & le poinct de la féction (qui eft le clou de noftre Pantocofine) nous reprefente le lieu du departement du Nauire : & les deux extremitez de la Meridiéne reprefentét les deux principaux vents, fçauoir celle de la part de 18. heures, le Nort, & l'oppofite le Sud, & les extremitez de l'orizon ou parallele deux autres vents principaux, fçauoir Eft de la part d'Orient ou de 12. heures, & à l'oppofite eft celuy de Oueft vers 24. heures.

Et de ces quatre vents principaux il en eft procreé quatre

moyens, & chacun d'iceux est composé de deux principaux qui l'auoisinent: & iceux prennent leurs denominations, comme celuy qui est entre le North & l'Est (où est marqué 16. heures) est appellé Nortest, & celuy d'entre le Sud & l'Est (où est 9. heures) est appellé Suest, & celuy d'entre l'Ouest & le Nort (où est 21. heur.) est Nort ou Est: celuy d'entre Ouest & Sud, où est 3. heur. est dict Suouest. Et de ces 4. vents principaux & des 4. moyens sont procreez tous les autres, & sont appelez collateraux, à cause qu'ils sont d'vne part & d'autre les 8. precedens, desquels est prise la denomination d'iceux collateraux : ce qui est facile à voir selon l'ordre de la circulation, c'est pourquoy ie poursui-uray à

La declaration des longitudes & latitudes.

Le costé où est le Nort, tirant iusques au vent Nortouest, est vne des huictiéme parties de ce cercle, laquelle auec l'autre hui-ctiéme partie opposite, tirant du Sud au Suouest, contiét la difference des degrez des longitudes Occidentales: Dudit Nort au Nortest, & leur opposite qui est du Sud à Suest, sont les differences des longitudes Orientales: d'Est, montát au Nortest, est la latitude Septentrionalle ou Arctique, comme aussi à l'opposite, tirant d'Ouest à Nortouest : puis tirant d'Ouest au Suouest est vne des huictiémes parties, qui auec son opposite monstre les latitudes Meridionalles, & chacune d'icelles huictiesmes parties, estans subdiuisées en 90. parties, par icelles il sera facile de dresser les Nauires, ayant le vent en poupe, ainsi qu'il sera dict.

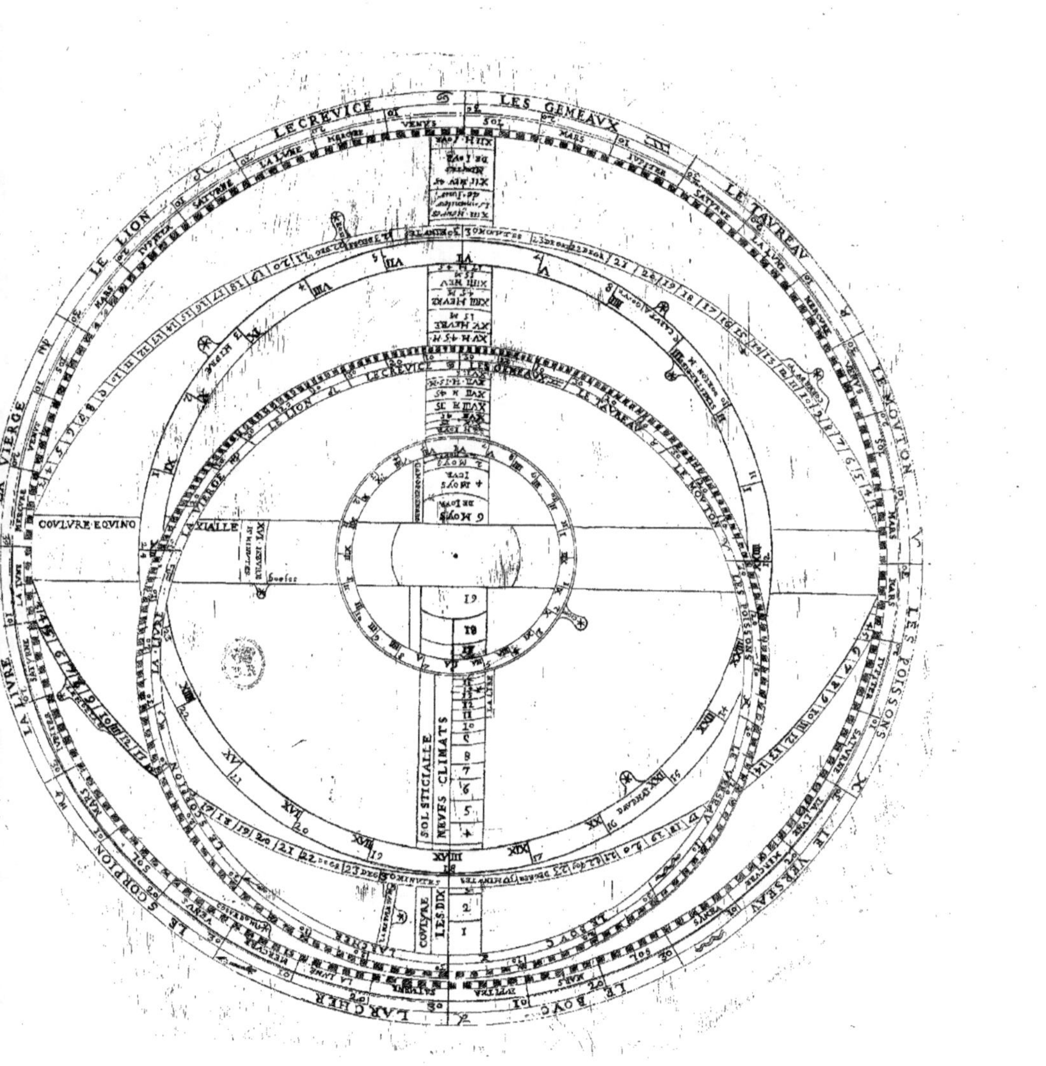

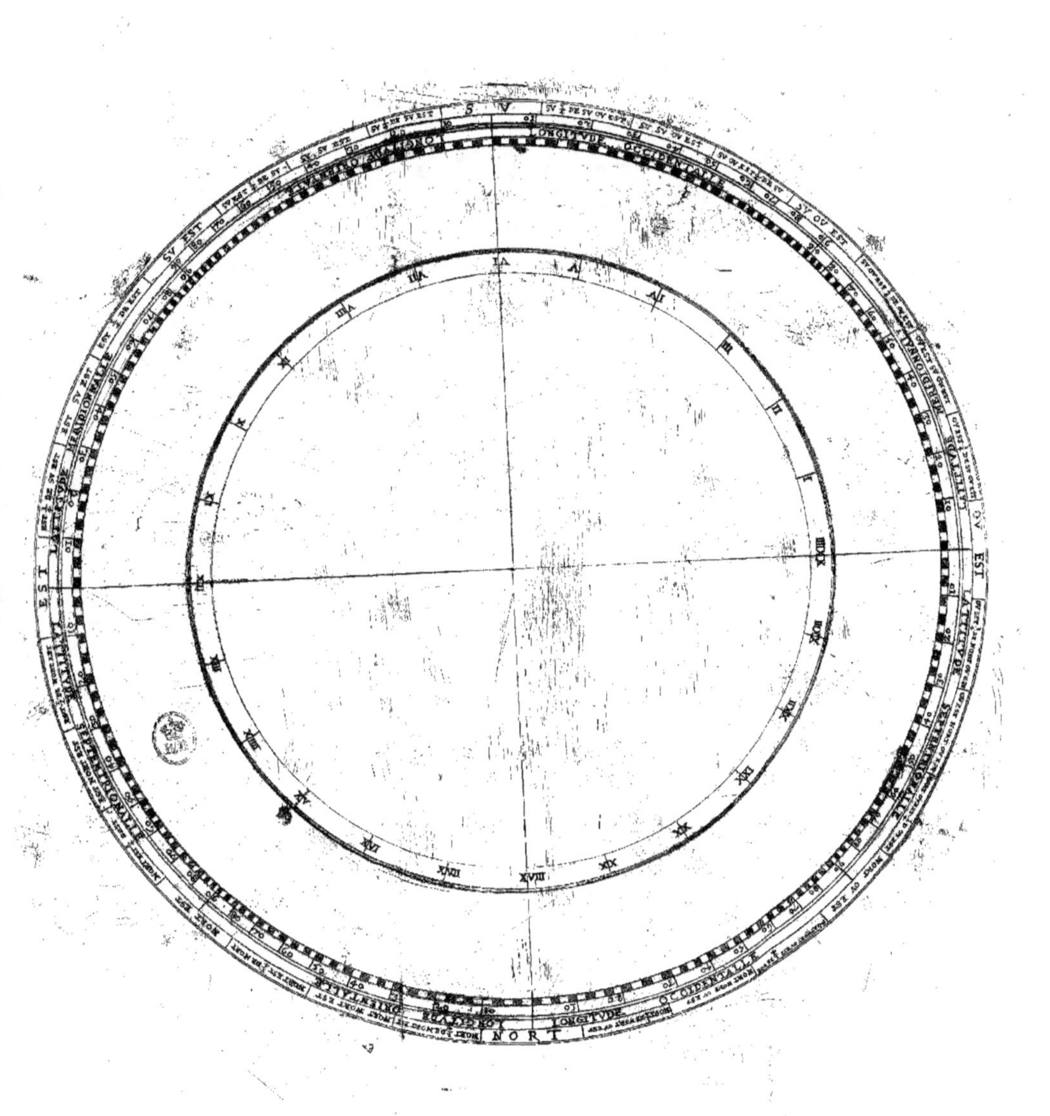

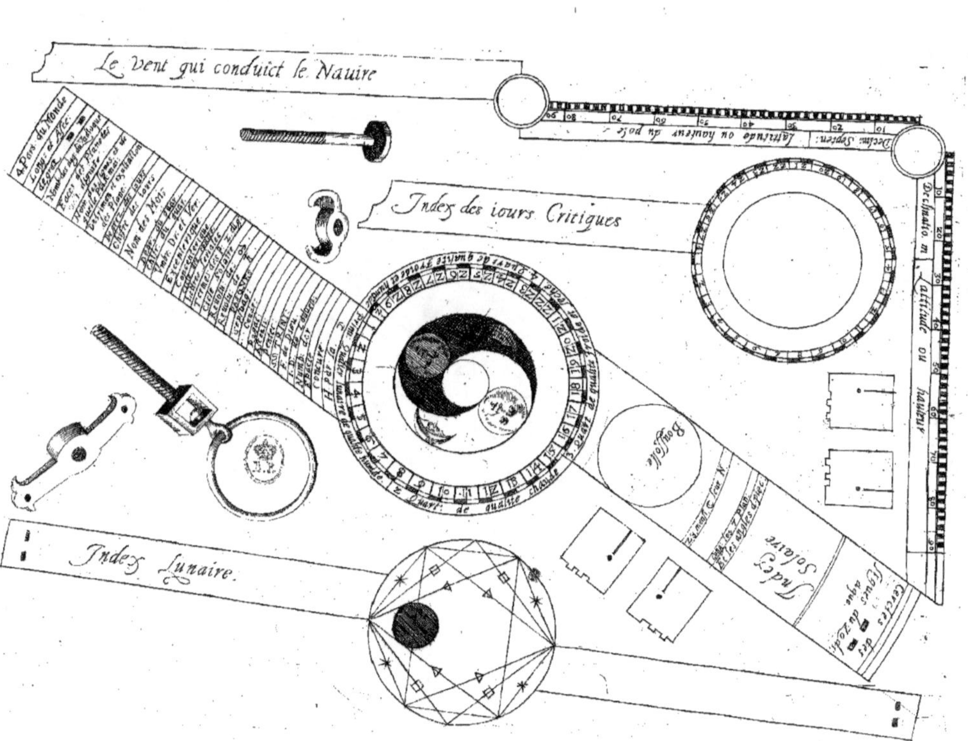

Le vent qui conduict le Nauire
Index des iours Critiques
Index Lunaire
Index Solaire
Boussole

AV TRES-CHRESTIEN
ET FLORISSANT MONARQVE
DE FRANCE ET DE NAVARRE
LOVYS TREZIESME.

IRE,

*Combien que depuis plusieurs siecles de grands
& sçauans Mathematiciens ayent redigé en
leurs doctes escripts diuerses sortes d'instruments
pour l'vsage des Mathematiques, tant par eux celebrées pour leur
grande vtilité & plaisir : si est-ce toutesfois qu'appuyé sur l'asseu-
rance de verité, i'ose dire que ce Pantocosme que ie presente aux
pieds de vostre sacrée Majesté, en rapporte le prix, principalement
pour trois choses tres-requises en ce noble Art, qui sont l'vtilité,
la delectation, & moins de labeur pour ses obseruations qu'en nul
autre instrument de Mathematique. Ce Pantocosme est composé
d'vn tel artifice, si asseuré & aysé, qu'on y voit le Ciel faire ses
renolutions sur la terre, & les influences celestes agir sur chasque
ville, prouince ou region de quelque pays que ce soit : Mesmes
par la conoissance de l'heure, de l'habitation, ou autre, sçauoir
quelle heure il est en tous lieux & climats du monde, & conoistre
quels planettes ou estoilles se leuent acroniquement, heliaquement
& cosmiquement : voir aussi les Eclipses tant de Soleil que de Lune, & autres choses que peut remarquer vn experimenté Astrolo-
gue en ses obseruations. Et quant aux obseruations maritimes,
ce Pantocosme sera reconu autant vtile qu'aucun autre carré qui*

ait iamais cy deuant esté inuenté, cecy estant vne circonference que
i'ay ainsi reduit en sa composition, par laquelle on conoistra aisé-
ment que son vsage est beaucoup plus methodique que nul autre
qui en pourroit auoir escript. Le mesme en sera des autres obseruations tant Geometriques, Chorographiques, que Cosmographiques, que i'ay voulu icy mettre en lumiere pour le bien &
contentement du public ; esperant dans quelque temps l'estendre
& accroistre en plus grand volume, & l'enrichir d'autres tres-
belles & infaillibles propositions, que ie retiens encor, les reseruant
pour vn autre traicté de directions. Ce qu'attendant, soubs vne
fauorable occasion, ie vous offre, SIRE, tres-humblement cestuy-
cy, pour estre bien-heuré du benin aspect de vos yeux, & seruir
de gage tres-asseuré de mon perpetuel & tres-fidelle seruice à
vostre Majesté, de laquelle ie demeure,

SIRE,

Le tres-humble, tres-fidelle, & tres-
obeïssant seruiteur & subject,

NOEL LEON MORGARD,
Parisien.

PRIVILEGE DV ROY.

LOVYS par la grace de Dieu Roy de France & de Nauarre, A nos amez & feaulx Conseillers les Gents tenans nos Cours de Parlements de Paris, Roüen, Dijon, Bordeaux, Tholoze, Aix, Grenoble, Rennes en Bretaigne, Baillifs, Preuosts & Visseneschaulx desdits lieux, Lyon, Poictiers, Orleans, Bourges, Troyes, ou leurs Lieutenans, & tous autres nos Iusticiers & Officiers qu'il appartiendra, Salut. Nostre bien amé M. Noel Leon Morgard, Professeur és sciences Mathematiques, nous auroit fait remonstrer qu'ayant fait plusieurs despences en planches de taille douce, comme aussi en l'vsage de son Pantocosme, instrument vniuersel, concernant les obseruations Astronomiques, Geographiques, Cosmographiques, Astrologiques, Chorographiques, Geometriques, Maritimes & autres, ayant crainte qu'iceluy ne fust poché & contrefaict, ensemble frustré de ses fraiz & labeurs, Nous auroit requis tres-humblement luy octroyer nos lettres de Priuilege, d'imprimer seul ou faire imprimer ledit Pantocosme & vsage d'iceluy, pour tel temps que nous iugerons équitable, & ne permettre qu'il soit frustré de ses labeurs & fraiz qu'il a exposez à la taille & composition dudit Pantocosme & vsage d'iceluy. A CES CAVSES desirât subuenir audit Morgard, luy auons permis & octroyé, & de nostre grace speciale, plene puissance & authorité Royale, permettons & octroyons par ces presentes le pouuoir de faire imprimer seul, vendre & distribuer, tant les impressions des tailles douces dudit instrumét, que l'vsage & pratique d'iceluy, durant le temps & terme de dix ans; pendant lequel nous auons fait & faisons deffences à toutes personnes de quelque qualité & condition qu'elles soient, de ne s'entremettre ny ingerer de pocher, imprimer ou faire imprimer ledit Pantocosme & vsage d'iceluy, sans expresse permission dudit Morgard, à peine de confiscation des planches, impressions desdicts liures, & de tous despens, dommages & interests. SI VOVS MANDONS que de nostre presente permission & contenu cy dessus vous laissiez vser plainement & paisiblement ledit Morgard, sans souffrir luy estre fait aucun empeschement. Si voulons qu'en mettât ou faisant mettre par luy vn bref recueil d'icelles au commencement ou à la fin desdits Liures, elles soient tenuës pour deuëment signifiées & venuës à la notice & cognoissance de tous, comme si expressément & particulierement elles l'auoient esté, nonobstant oppositions ou appellations à ce contraire: Car tel est nostre plaisir. DONNE' à Paris le vingt-troisiesme iour de Iuillet, l'an de grace mil six cens douze. Et de nostre regne le troisiesme.

PAR LE ROY EN SON CONSEIL.

DV FOS.

L'VSAGE
ET
PRATIQVE DV
PANTOCOSME DE
M. NOEL LEON MORGARD
PARISIEN, PROFESSEVR E'S
SCIENCES MATHEMATIQVES.

Ev que le Soleil eſt la reigle principale des mouuemens Celeſtes, le Roy des Eſtoilles, & la lumiere de l'Vniuers, par laquelle ſe faiĉt la meſure & diſtinĉtion des temps, tant en qualité qu'en quantité & meſure; il ſera tres-conuenable en l'vſage de ceſt inſtrument (nous reglant par l'Aſtronomie) de commencer par luy, comme par ſon vray direĉteur.

DEFINITION D'ASTRONOMIE.

Aſtronomie, eſt vne ſcience qui conſidere les mouuemens des Cieux, & des Aſtres qui ſont en iceux.

Sçauoir en tout iour proposé de chaſque mois de l'an ciuil ou biſſextil (ſoit Iulien ou Gregorien) en quel ſigne & degré du Zodiaque eſt le Soleil, & quel eſt ſon oppoſite.

PROPOSITION PREMIERE.

FAut poſer la Lidade Solaire ſur le iour du mois propoſé, & le degré (ou le degré & minutte qu'elle monſtrera) ſera le vray lieu du Soleil au midy de ce iour, au premier an ciuil, auquel on

A

adiouſtera 14.minutes 47.ſecondes, & on aura le degré du midy
de l'an ſecond ciuil.

EXEMPLE.

Comme mettant la Lidade ſur le 20.Feurier en l'an 1613. ie
voy que le Soleil eſt au premier degré, 10. minut. des Poiſſons:
& ſi ie veux ſçauoir quel iour il eſt au Calendrier Iulien,
i'oſte 10. de 20. reſte 10 : Ie dy qu'il ſera le 10. de Feurier Iulien:
& à cauſe que ceſt an eſt le premier ciuil, i'adiouſte à iceluy 14.
minutes 47. ſecondes : l'addition donne vn degré 24. minutes
47. ſecondes pour ce iour en l'an 1614. & faits ainſi iuſqu'à l'an
biſſextil : L'oppoſite eſt le meſme de la Vierge.

ANNOTATION. Quand on a rejecté 1600. de l'an pro-
poſé, l'on diuiſe le reſte par 4. à cauſe que de 4. ans en 4. ans eſt
biſſexte : & s'il en reſte vn, il eſt le premier an ciuil : s'il en reſte
deux, il eſt le deuxieſme : & s'il en reſte trois, le troiſieſme (ne
reſtant rien) il eſt biſſexte.

Comme ayant eſté donné 1613. 1614. 1615. & 1616. rejectant
de tous 1600. reſte 13.14.15. & 16. ayant diuiſé 13. par 4. produit
3. & reſte vn : ie dy que ceſt an eſt le premier ciuil, à 14. reſte 2. à
15. trois, & à 16. produict 4. & ne reſte rien ; ie dy que l'an eſt
biſſexte.

Sçauoir le degré du Zodiaque, à telle heure & minute du iour
qu'il ſera requis, & premierement quand l'heure
propoſée eſt apres midy.

PROPOSITION II.

IL faut oſter le degré du midy du iour propoſé (qui eſt celuy
qui precede voſtre heure) du midy du iour ſuiuant, le reſte
donnera le nombre qu'il faut mettre au ſecond lieu de la regle
de trois, & au premier l'on mettra 24. au troiſieſme l'heure propoſée.   EXEMPLE.

Vn perſonnage eſt né le premier de Iuin l'an 1609. à 10. heures apres midy, ſçauoir le degré & minute que poſſedoit le Soleil : ie trouue par la premiere propoſition que le Soleil eſtoit au

midy precedent ceſte heure propoſée, au 10. degré 28. minutes
des Gemeaux, que i'oſte de 11. degrez 25. minutes, qui eſt celuy
qu'il poſſede au midy du lendemain, le reſte de la ſouſtration eſt
57. minutes.

Et ſelon ceſte propoſition, ie dy ſi en 24. heures le mouuement
Solaire eſt 57. minutes, combien en 10. heures (produiǎ 23. min.
& $\frac{18}{24}$ ou $\frac{1}{4}$ de minutes qui aualué par la 4. regle de fraǎion) eſt
45. ſecondes, partant ſera 23. minutes 45. ſecondes que ce mou-
uement fera en 10. heures, que i'additionne à 10. degrez 28. minutes, produiǎ 10. degrez 51. minutes, & 45. ſecondes des Gemeaux, pour le lieu que poſſede le Soleil au Zodiaque, à l'heure
propoſée.

ANNOTATION. Mais quand l'heure propoſée eſt entre
la minuiǎ & le midy, qui ſont dites heures du matin, il faut adiouſter l'heure propoſée auec douze, à cauſe que les Aſtronomes content d'vn midy iuſqu'à 24. & ne ſe reprennent point à
douze.

Soit diǎ, Vn eſt né le 2. de Iuin l'an 1609. à 8. heures du matin, cognoiſſant que 57. eſt le ſecond lieu, i'additionne à 12. heures, 8. ſont 20. & dit ſi 24. donne 57. combien 20. heures, produiǎ 47. minutes 30. ſecondes que i'additionne à 10. degrez 28.
minutes eſt 11. degrez 15. minutes & 30. ſecondes pour le lieu du
Soleil.

Sçauoir le nombre d'or, ou cicle Lunaire de chacune
année propoſée.

PROPOSITION III.　　DEFINITION II.

Nombre d'or eſt vne certaine proſgreßion de nombre naturel, com-
mençant par vn, & finiſſant à 19. & ſuiuant, recommence le meſme
ordre que deſſus : Car tout ainſi que les aſpeǎs ſe font de la Lune au
Soleil ſeulement en vn iour d'vne année, les 19. ans apres, ils ſe feront
en meſme iour, & non en meſme heure, qui fait qu'auec la continuë de
changer d'heure, il ſe trouue qu'il aduienne en meſme heure, & non en
meſme iour : ce qui ſe trouue apres la reuolution du nombre d'vne gran-
de ſaiſon prophetique, qui eſt 360. ans, en laquelle s'excede vn iour

par 19. fois 19. qui fait 361. où l'on change le nombre d'or.

Et pour sçauoir le nombre d'or iusqu'à l'an 1700. i'adiouſte vn au nombre de l'année, & diuiſe l'addition par 19. l'equotient donnera le nombre des cicles depuis le Chriſt, & s'il reſte quelque nombre ſera le nombre d'or de l'an proposé, ſi rien 19. ſera le nombre d'or de l'an proposé.

Comme l'an 1610. auec vn eſt 1611. diuisé par 19. produict 84. cicles paſſez & reſte 15. pour le nombre d'or.

Par la congnoiſſance du nombre d'or, ſçauoir l'Epacte.

PROPOSITION IIII.   DEFINITION III.

Epacte eſt vn mot Grec, ſignifiant induction ou proſgreßion, qui ſe faict d'vnze par vnze, & la raiſon eſt que l'an Solaire eſt composé *de 365. iours, 5. heures, 48. minutes : & l'an Lunaire eſt de 354. iours, 8. heures, 36. minutes, 58. ſecondes, 12. troiſieſmes, & 46. quatrieſmes, qui eſt la reuolution de douze mois Lunaires. Et ſi l'on ſouſtraict l'an Lunaire de l'an Solaire, reſtera dix iours, 21. heure, 11. minutes, vne ſeconde, 47. troiſieſme, & 14. quatrieſme, qui eſt 11. iours moins 2. heures, 48. minutes 58. ſecondes, 12. troiſieſme, & 46. quatrieſme, qui eſt dict Epacte.*

Et pour ſçauoir icelle Epacte mets l'index Solaire deſſus le nombre d'or trouué, & il te monſtrera au cercle de deſſouz l'Epacte, deſſoubs lequel eſt le cercle de la concurrence.

Definition quatrieſme de concurrence.

Concurrence eſt vne proſgreßion de dix en dix, n'excedant 30. qui demonſtre l'aage de la Lune, ſans l'Epacte, ainſi qu'il ſera demonſtré.

Sçauoir la conionction du Soleil à la Lune, en l'an tant ciuil que biſſextil.

PROPOSITION V.

I'Adiouſte autant de fois vn au nombre de l'Epacte de l'an proposé, qu'il y a de mois paſſez depuis Mars : iceluy Mars comprins, s'il l'eſt, ou ſinon le conſiderer, l'addition des deux nombres donnera le iour de la conionction, l'ayant oſté de 30. & ce quant à l'an ciuil, car à l'an biſſextil, de ce reſte, faudroit oſter vn.

Comme l'an 1610. Epacte 5. au mois de Mars auec vn est 6. osté de 30. reste 24. pour le iour de la conionction.

Et si l'addition de l'Epacte & du nombre des mois passez estoit plus de 30. il en faudroit oster 30. & le reste donnera le iour de la conionction, l'ayant osté secondement de 30.

Au mois de Septembre 1609. Epacte estant 24. auec 7. mois passé est 31. duquel i'oste 30. reste vn que i'oste derechef de 30. reste 29. pour le iour de la Lune.

Mais l'an estant bissextil, comme l'an 1612. auquel Epacte est 27. auec 8. estant proposé Octobre est 35. que i'oste de 30. reste 5. oste derechef de 30. reste 25. duquel ostant vn, est 24. pour le iour de la conionction de l'an 1612.

Sçauoir le mesme par la concurrence & nombre d'or.

PROPOSITION VI.

QVant à l'an ciuil, comme l'an 1610. nombre d'or est 15. que i'adiouste à la concurrence qui est 20. est 35. auec vn, pour Mars est 36. duquel ie reiecte 30. reste 6. soustraict de 30. reste 24. pour le iour de la conionction.

Et en l'an bissextil comme 1612. nombre d'or 17. auec concurrence dix, est 27. & 8. est 35. ostant 30. reste 5. que i'oste de 30. reste 25. duquel i'oste vn, est 24. pour le iour de la conionctiō.

Sçauoir l'aage de la Lune par la conionction.

PROPOSITION VII.

SI l'on me dict, nous sommes au 29. d'Octobre, la conionction estoit le 24. sçauoir l'aage de la Lune, ostant 24. de 29. reste 5. pour l'aage.

Sçauoir l'aage de la Lune par l'Epacte.

PROPOSITION VIII.

ADiouste le nombre du mois, auec celuy de l'Epacte, & celuy des mois passez depuis Mars : l'addition (si elle est moins de 30.) donne l'aage de la Lune.

Au 2. de Iuin 1610. Epacte 5. auec deux du mois est 7. & 4. pour les mois passez est 11. iours pour l'aage de la Lune.

A iij

Et quand l'addition eſt 30. le iour propoſé eſt la conionction au 21. de Iuin 1610. l'addition de ces trois nombres 21. 5. & 4. eſt 30. partant eſt la conionction.

L'addition eſtant plus de 30. & moins de 60. il faut oſter d'icelle 30. le reſte donnera l'aage de la Lune.

Eſtant propoſé le 29. de Iuin 1610. l'addition de ces trois nombres 29. 5. & 4. eſt 38. duquel ſouſtraict 30. reſte 8. iours pour l'aage de la Lune.

Lors que l'addition eſt 60. le iour propoſé eſt celuy de la conionction, comme le 6. de Decembre 1609. auec Epacte 24. & 10. mois eſt 60. qui eſt le iour de la conionction.

Si l'addition excede 60. reiecte 60. le reſte ſera l'aage. Le 30. de Decembre 1609. Epacte 24. 10. mois & 30. iours eſt 64. iours, iettant 60. eſt 4. iours pour l'aage de la Lune.

ANNOTATION. Il ſera facile faire le meſme par la concurrence, nombre d'or, iour du mois, & mois paſſez.

Sçauoir en quel ſigne & degré du Zodiaque eſt la Lune, par le moyen de ſon aage, & du degré du Soleil au midy d'vn chacun iour propoſé: & par meſme, ſçauoir le degré & ſigne oppoſite, voir comme elle apparoiſt au ciel, & la nature du Cartier.

PROPOSITION IX.

LE coſté de l'index Solaire où commence la reuolution de la Lune ſur le iour propoſé, monſtrera au cercle des ſignes le degré du Soleil au Zodiaque : & mettant ſur l'aage de la Lune (qu'on ſçaura par la 7. propoſition) l'index Lunaire, il monſtrera le degré qu'elle poſſede.

EXEMPLE.

Le 20. de Feurier 1609. le Soleil au premier degré 10. minutes des Poiſſons : l'aage de la Lune 15. mettant l'index ſur ceſt aage me monſtre qu'elle eſt ce iour à midy au 3. degré de la Vierge, qu'elle a eſté pleine au matin, qu'elle entre ſur le troiſiéme quartier, qui eſt de qualité froid & ſec, que ſa face commence à decliner, & que ſon oppoſite eſt le 3. des Poiſſons.

Sçauoir le degré de la Lune à telle heure qu'on voudra.

PROPOSITION X.

CEla sera facile par la deuxiesme proposition de ce liure, & n'en donnerons que l'exemple.

Vn est né le 20. de Feurier 1609. à dix heures apres midy, ie prend le mouuement de la Lune trois degrez, qui est celuy du midy precedent, Ceste natiuité que i'oste de celuy du suiuant (qui est le lendemain que ie trouue 16. degrez 10. minutes, reste 13. degrez 10. minutes, qui vallent 790. minutes, & dict si 24. dõne 790. minutes, combien dix heures produict 329. minutes, & 20. secondes, qui sont 5. degrez 29. minutes, auec trois est 8. degrez, 29. minutes & 20. secondes.

ANNOTATION. Mais l'heure proposée estant accompagnée de minutes faits ainsi.

Soit né vn personnage à dix heures & 30. minutes le iour mesme apres midy : ie dy si 24. donne 790. combien dix heures 30. minutes, & voyant qu'il y a deux nombres au troisiesme lieu, ie reduict tout en minutes, sçauoir 24. heures, & est 1440. puis dix heures est 600. auquel i'adiouste 30. est 630. & dits maintenant si 1440. donne 790. minutes, combien 630. minutes produict (selon la regle de trois droicte) 347. minutes & 50. tierces, qui sont 5. degrez 47. minutes, & 50. tierces, que i'additionne à trois degrez produict 8. degrez 47. minutes, & 50. tierces, pour le degré du signe de Virgo, qu'elle possede à l'heure & minute proposée.

Par le degré que possede la Lune au Zodiaque, sçauoir en quelle mantion elle se trouue.

DEFINITION V. PROPOSITION XI.

LEs mantions de la Lune ont esté inuentées par les anciens & modernes Astrologues, veu que la Lune parcourt tout le Zodiaque en 28. iours, de là il luy ont attribué 28. maisons, mantions ou demeure, où en chacune elle a diuerses forces, tant pour l'air que pour les affaires mondaines, & nous suffira parler de l'air.

Il faut sçauoir l'aage de la Lune, & ayant mis l'index dessus, fera monftré au cercle des mantions la quantiefme, & fa nature.

EXEMPLE.

La Lune au troifiefme de Virgo, l'index qui monftre les man-
tiõs deffus, me fait voir qu'icelle eft la 11. qu'elle eft de nature T.
temperée, auec laquelle l'on peut iuger de l'air, eftant accom-
pagné des afpects.

Sçauoir les aſpects des deux luminaires & des planettes.

PROPOSITION XII.

IL faut fçauoir le degré de chacun, & l'index Solaire fur celuy
du Soleil, l'index Lunaire fur celuy de la Lune, il fera facile de
iuger de l'air.

EXEMPLE.

Le 26. de Ianuier 1614. le Soleil au 26. du Bouc, & la Lune au
26. du Mouton, les index me monftrent qu'ils fe regardent de
quarré, que la Lune eft conioincte à la tefte du Dragon, & que
Mars regarde Venus de fextil. Cefte propofition n'eft pas feulement neceffaire pour iuger de l'air, mais auffi des maladies &
autres accidens.

Sçauoir le cicle Solaire.

DEFINITION VI. PROPOSITION XIII.

*LE petit duquel nous traicterons à prefent, eft vne reuolution qui fe
faict de 28. ans en 28. ans, & telle lettre Dominicale qu'il a efté en
vn an l'an 28. vient le mefme, ainfi qu'amplement nous auons dict au
liure que nous en auons décript.*

Et pour fçauoir iceluy cicle, i'additionne vn auec l'an propofé, & diuife le produict par 28. l'equotient donne le mouuement des fiecles paffez, & le refte eft le cicle Solaire, ne reftant
rien de 28. il fera le cicle, comme l'an 1609. auec vn eft 1610. diuifé par 28. produict 57. cicles paffez, & refte 14. pour le cicle
Solaire de l'an 1609. Et l'an 1623. auec vn eft 1624. diuifé par 28.
produict 58. cicle, & ne refte rié, ie dy que 28. eft le cicle Solaire.

*Par la congnoiſſance du cicle Solaire, ſçauoir la
lettre Dominicale.*

PROPOSITION XIIII.

IL faut ſçauoir le cicle Solaire par la precedente, & auec ce
nombre entrer au cercle des mantions Lunaires, qui ſert pour
ledit cicle, & l'on trouuera la lettre Dominicale, comme par
exemple l'an 1609. cicle Solaire 14. & au droit ie trouue D pour
la lettre Dominicale : & lors qu'il s'en treuue deux, comme l'an
1612. que cicle eſt 17. ie trouue A, G, ie dy que l'an eſt biſſextil,
& que A, ſert iuſqu'à la S. Matthias, & l'autre le reſte de l'année.

*Par la congnoiſſance de l'Epacte, & lettre Dominicale, ſçauoir
Paſque, & toutes les feſtes variables.*

PROPOSITION XV.

IL faut conſiderer que Paſque peut eſchoir depuis le 22. de
Mars, iuſques au 25. d'Auril en diuerſes lettres, & ne peut aduenir deuant ny apres, ſelon le Calendrier Gregorien, veu
qu'elle ſe celebre en la pleine Lune du Mouton : & pour ſçauoir
ce iour, ie remarque l'Epacte de l'an propoſé, & auec icelle i'entre au cercle des cicles des Epactes Lunaires, & compte entre le
8. de Mars & 25. d'Auril, trouuant en ceſte eſpace Epacte : & cō-
tant d'icelle 14. allant vers Auril, ie regarde combien il s'en faut
qu'il ne ſoit Dimanche, & faicts le meſme depuis le 25. d'Auril,
tirant au commencement & à la fin du compte, ie regarde lequel aura eſté le plus proche ; car iceluy c'eſt le iour de Paſque,
ſur lequel mettât l'index Solaire, ie voy au quantieſme de quel
mois doibuent aduenir les feſtes variables.

EXEMPLE.

L'an 1610. Epacte 5. trouuée du 8. de Mars, & contant de ce
5. 14. la fin monſtre vn Mardy 6. d'Auril : & trouuant ceſt Epacte 5. en Auril, ie compte d'icelle tirant vers Mars 14. iours, & la
fin compte me monſtre vn Vendredy 9. d'Auril : ie dy veu que
Vendredy eſt plus proche du Dimanche que Mardy, & que le
Vendredy eſt 9. que le 11. ſera le iour de Paſque : & mettant

l'index Solaire fur ce 11. d'Auril au cercle de Pafque, celuy de deffoubs, monftre que Septuagefime eft le 7. de Feurier, au def-foubs les Cendres le 24. de Feurier, le fuiuant les Rogations le 17. May, celuy d'apres l'Afcenfion le 20. de May; apres eft celuy de la Pentecofte, qui la mõftré le 30. dudit May: & ainfi d'ordre ie voy la Trinité eftre le 6. de Iuin, le 10. la fefte de Dieu, & l'Aduent le 28. de Nouembre.

Sçauoir mettre noftre Pantocofme aux quatre parties du monde, felon la fituation d'vn lieu.

PROPOSITION XVI.

IL faut difpofer tellement noftre inftrument que la Bouffolle monftre les quatre parties du monde fur le dots, puis mettre quatre remarques, & tourner la mere, & la difpofer en forte, que la ligne Meridienne du cofté de fa latitude regarde la ligne Meridienne. Et celle des Periœciens l'oppofe à fa latitude, qui reprefente Septentrion, & lors l'inftrument fera aux quatre parties du monde, & fera veu touts les habitans Orientaux, Oc-cidentaux, Meridionnaux & Septentrionnaux à fon regard: Comme par exemple, ayãt difpofé noftre Pantocofme, comme dict eft, ie voy que ceux d'Anuers, Londres & autres font Sep-tentrionnaux, au regard de Paris, que la ville de Tocq en Bar-barbarie eft Meridionalle : ceux qui font à 113. de longitude font au vray poinct Oriental de Paris, qui eft Calicum & autres, & ceux de 193. au poinct Occidental, qui eft vers le cap de fain-cte Heleine.

Par la congnoiffance des quatre parties du monde, & de la clarté du Soleil, fçauoir l'heure ; & par la congnoiffance d'icelle, fçauoir qu'elle heure il eft en tous les lieux du monde.

PROPOSITION XVII.

AYant difpofé noftre Pantocofme aux quatre parties du monde, comme deffus, mettant quelque chofe qui face om-

bre deſſus Paris, l'ombre tombera deſſus l'heure qui ſera: & apportant ceſt' heure qu'on trouuera deſſus la regne ſur le Meridien de Paris, l'on verra quelle heure il eſt en tous lieux.

EXEMPLE.

Le tout operé, comme dit eſt, ie trouue qu'il eſt, deux heures
apres midy: & apportant ceſt' heure deſſus le Meridien de Paris,
ie voy qu'il eſt la meſme à Tocq, & à Rome 2. heures 48. minutes, à Naples 3. heures, à Conſtantinople 4. heures 8. minutes, à
Hieruſalem 4. heures 40. minutes, à Damaſco 5. heures, à Patan
8. heures, à Galbaca 11. heures, le tout d'apres midy: qu'il eſt
minuict à Rozin, qu'il eſt 2. heures apres minuict à Frazon, qu'il
eſt midy à l'Iſle de la Trenite, vne heure apres moins dix minutes à Compoſtelle en Eſpagne.

De ceſte propoſition le diligent eſprit en comprendra vne
trentaine, tant auec cet inſtrument que par le chiffre, & fera
ſeruir l'Ephemeride dreſſée pour vn lieu à l'autre.

Par la congnoiſſance de l'heure égale, ſçauoir l'heure inégalle ou
planetaire, & la durée d'icelle, enſemble l'heure inégale
de tout le monde.

PROPOSITION XVIII.　　DEFINITION VII.

L'Heure inégale n'eſt autre choſe que la moitié de l'Aſcenſion d'vn
ſigne, montant ſur l'Orizon: & pour-autant que les ſignes du Zo-
diaque ne montent pas égallement ſur l'Orizon de ceux qui ont la
Sphere oblique, de là s'enſuit que l'Aſcenſion eſt inégalle: cela aduient
à cauſe que le cercle du Zodiaque eſt oblique, au regard du mouuement
du premier mobile, & eſt la vraye raiſon pourquoy les iours & nuicts
artificielles ſont inégales; iaçoit qu'en quelque iour de l'an que ce ſoit
ſix ſignes montent ſur l'Orizon, & les ſix autres s'abſconcent d'iceluy:
& de là eſt remarqué que ceux qui ont la Sphere droicte, ont touſiours
12. heures égales, tant de iour que de nuict, & que leurs heures plane-
taires & temporelles ſont égales: mais en la Sphere oblique, les iours
ſont touſiours inégaux, fors aux Equinoxes: partant les heures inéga-
les & égales ſont le plus ſouuent inégales, celle de iour ſont dictes iné-
gales, celle de nuict planetaires.

B ij

Et pour ſçauoir icelle, mettât l'index ſur la Liure, à l'endroit des heures égalles, il me monſtre au cercle du pole Arctique l'heure inégale, comme mettant l'index ſur 8. heures du matin qu'il eſt à Paris, ie voy qu'il eſt trois inégales. Or pour ſçauoir la durée de chaque heure inégale, il faut ſçauoir la quantité du iour artificiel propoſé, & diuiſer iceluy par 12. apres auoir re- duict les heures qu'il contient en minuttes, ſoit propoſé le pre- mier iour de May, le iour à 14. heures 20. minutes : ie multiplie 14. heures par 60. minutes, eſt 840. auec 20. eſt 860. minutes, que ie diuiſe par 12. eſt 71. minutes & $\frac{2}{3}$, pour chacune heure inégale au iour propoſé: & mettant l'heure égale, qui repreſen- tera l'inégale deſſus Paris, monſtrera (ſelon la precedente pro- poſition) l'heure inégale, qui eſt en tous les lieux du monde.

Sçauoir quelle planette domine à telle heure inégalle du iour qu'on deſirera, tant au lieu de l'habitation, qu'en tous autres propoſez.

PROPOSITION XIX.

ET pour cognoiſtre en quelle puiſſance & domination des planettes, à chacune heure, il faut ſçauoir l'ordre, com- me s'enſuit, Saturne, Iupiter, Mars, Soleil, Venus, Mercure, la Lune, leſquelles gouuernent & dominent d'heure en heure, & ſelon ledit ordre, le nom & gouuernement d'iceux, qui a eſté pris de la denomination des iours de la ſepmaine, ſçauoir en François Dimanche, que les Payens appellent Soleil, le Lundy la Lune, Mardy Mars, Mercredy Mercure, Ieudy Iupiter, Ven- dredy Venus, & Samedy Saturne, & chacune planette domine & gouuerne à la premiere heure inégalle, comme le Dimanche à la premiere Soleil, la ſeconde Venus, la tierce Mercure, la qua- trieſme la Lune, la cinquieſme Saturne, & ainſi d'ordre iuſqu'à 12. qui ſera Saturne: & continuant les heures de la nuict, la 24. ſera Mercure, ie dy Mercure le Dimanche à minuict domine: & rejettant ces 24. la 25. qui ſera la premiere du Lundy ſera la Lu- ne: & par cette proſgreſſion le Mardy l'on trouuera Mars, & ainſi des autres.

EXEMPLE.

Le Dimanche premier iour de May 1611. fçauoir à 8. heures égales du matin, que l'on ja trouue eftre trois heures inégales, à laquelle ie trouue que domine Mercure : & eftant 9. heures à Naples, il y eft 4. heures inégales; partant la planette de la Lune y domine, eftant quelque 7. heures du matin à Compoftelle en Efpagne, il y fera la feconde heure inégale, parquoy Venus y dominera, fait ainfi des autres.

Sçauoir l'heure inégale de nuict, la durée d'icelle, & quelle planette domine.

PROPOSITION XX.

IL faut mettre l'index deffus l'heure égale propofée, elle monftrera au pole l'heure inégale de nuict, pour fçauoir la durée d'icelle : il faut fçauoir la longueur de la nuict, reduire les heures d'icelle en minutes, diuifer icelles par 12. l'equotient fera les minutes que durera l'heure inégale de nuict : & pour fçauoir quelle Planette domine à icelle heure, faut regarder que fi l'ordre paffe 12. la 13. heure eft la premiere de nuict.

EXEMPLE.

Le Dimanche premier de May, à 2. heures du matin, fçauoir l'heure inégale, ie mets l'index deffus, 2. heures égales, & me monftre quelques 7. heures & demie d'heure inégale : & pour fçauoir combien elle dure de minutes, ie reduict la longueur de la nuict, qui eft de 9. heures 37. minutes, en minutes eft 577. minutes, diuifé par 12. eft 48. minutes 5. fecondes, pour la durée d'icelle : & pour fçauoir quelle planette domine à Paris, ie confidere que c'eft 7. heures plus que 12. qui font 19. & fera trouué Saturne qui dominera en ceft heure, ce que demonftre facilement cefte table.

1	2	3	4	5	6	7	8	9	10	11	12
☉	♀	☿	☽	♄	♃	♂	☉	♀	☿	☽	♄

13	14	15	16	17	18	19	20	21	22	23	24	25
♃	♂	☉	♀	☿	☽	♄	♃	♂	☉	♀	☿	☽
1	2	3	4	5	6	7	8	9	10	11	12	1

Sçauoir dresser des Quadrans pour toutes villes proposées.

PROPOSITION XXI.

N'Ayant accommodé ce quadran que pour Paris,quant on
fera en quelque ville proposée pour en faire vn,pose le pied
du compas sur la ville,& descripts vn cercle,diuise iceluy en 24.
parties égales,& faits en sorte que les deux qui representent 12.
heures,soit la Meridienne : & par cest ordre sera facile de faire
des quadrans de telle forme qu'on desirera,que si ce lieu n'est en
la superficie de nostre Pantocosme,sache sa longitude & latitude,mettant l'index dessus sa longitude,& au droit de sa latitude
remarque vn poinct,qui representera celuyde laville,puis opere
comme dessus:de là sera appris que n'ayant nul instrument,dé-
criuant vn grand cercle à plaisir,l'ayant party en 4.angles droits
sur l'arc,qui represente l'Equateur,tu obserueras la longitude,
duquel tirant vne ligne au centre,sera la Meridienne,dessus laquelle, remarquant la latitude,tu feras vn autre cercle, qu'on
partira en 24.parties égales : & par ce quadran des autres regiõs
sera facile sçauoir quelle heure il est icy & ailleurs , comme
dict est.

Sçauoir à quelle heure commence le Crepuscule matutin
& Vespertin.

PROPOSITION XXII.   DEFINITION VIII.

AVrore ou Crepuscule-matutin est l'espace de la clarté , qui paroist
depuis le poinct du iour iusqu'au Soleil à l'orizon(que le commun
appelle iour) & les Philosophes Aurore ou Crepuscule matutin : & le
Vespertin est l'espace de temps qu'il y a depuis le Soleil absconçant à
l'orizon iusqu'à nuict close.

Il faut sçauoir le degré que possede le Soleil au Zodiaque
par la premiere propositiõ,& amener iceluy sur la ligne de l'Aurore,& mettre la Lidade dessus,elle monstrera à quelle heure
commence l'Aurore,lequel degré transporte en Occident,sur
la mesme ligne monstrera aussi l'heure de la fin.

EXEMPLE.

Le 15. d'Auril le 5. du Taureau, auec la ligne du Crepuſcule, la Lidade deſſus monſtre en Orient quelque 2. heures 56. minutes du matin, que ie tranſporte en Occident, & monſtre 2. heures 4. minutes pour le temps de la fin.

Sçauoir à quelle heure le Soleil paroiſt ſur l'oriſon, & quand il s'abſconce (dict vulgairement quand il ſe leue & couche) & l'eſpace des Crepuſcules.

PROPOSITION XXIII.

LE degré du Soleil ſur l'orizon oblique, en la part d'Orient, ayant appliqué la regle deſſus, elle monſtrera au Lymbe l'heure, de laquelle ayant ſouſtraict l'heure du commencement de l'Aurore, ſera monſtré la durée d'icelle, tranſportant ce degré ſur l'orizon oblique en Occident, monſtrera l'heure que le Soleil s'abſconce, laquelle ſouſtraicte de l'heure que l'Aurore préd fin, reſte la diſtance Veſpertine à la matutine.

EXEMPLE.

En mettant la 5. du Taureau ſur l'Orizon oblique en Orient, ie voy que le Soleil s'eſleue à 4. heures 58. minutes, duquel oſtát le commencemét de l'Aurore, qui eſt 2. heures 56. minutes, reſte 2. heures 2. minutes, qui eſt l'eſpace du Crepuſcule matutin: & tranſportant ce degré en Occident, ie voy le Soleil s'abſconcer à 7. heures 2. minutes pour l'Aurore Veſpertine, égale à la matutine.

Sçauoir l'heure que le Soleil ſe leue & couche, à nos Anthipodes & Periœciens.

PROPOSITION XXIIII.

L'Heure du coucher du Soleil du lieu proposé, donne l'heure qu'il s'eſleue à eux, & l'heure dudit lieu qu'il ſe leue, l'heure qu'il ſe couche, ſelon ceſte definition. Tous ceux qui ſont en moitié de Meridien opposé, & en meſme latitude, ont les heures opposées.

Partant ſi le Soleil ſe leue à 4. heures icy, il s'abſconce à la meſme à eux.

Sçauoir la longueur du iour & de la nuiĉt artificielle en chacun iour.

PROPOSITION XXV.   DEFINITION IX.

LE long du iour, ſelon les Philoſophes, eſt depuis le Soleil, paroiſſant iuſques à ſon abſconçant, & le commun le prend depuis qu'il poingt iuſques à la nuiĉt fermante : & iceux Philoſophes appellent nuiĉt depuis l'abſconçant iuſques au lendemain à ſon apparoiſſant.

Et pour ſçauoir icelle longueur de iour, multiplie l'heure abſconçante par deux, produira le long du iour : & multipliant le Soleil leuant par 2. produiĉt le long de la nuiĉt : le Soleil s'abconce à 7. heures 2. minutes, multiplié par deux eſt 14. heures 4. minutes pour le long du iour : & ſe leuant à 4. heures 56. minutes, produiĉt 9. heures 52. minutes pour le long de la nuiĉt.

Sçauoir combien il y a depuis le Soleil leuant, iuſques à telle heure du iour qu'on deſirera.

PROPOSITION XXVI.

IL faut ſçauoir à quelle heure ſe leue le Soleil, & oſter icelle de l'heure propoſée, ſi elle eſt deuant midy, & ce reſte ſera les heures qu'il y a depuis le Soleil leuant iuſques à l'heure propoſée : & ſi l'heure propoſée eſt apres midy, il faut oſter l'heure du Soleil de 12. & adiouſter au reſte les heures d'apres midy.

EXEMPLE.

Le 24. de May, le Soleil ſe leuant à 4. heures 12. minutes que ie ſouſtraiĉt de 11. du matin, où il eſt requis ſçauoir combien il y a qu'il s'eſleue, reſte 6. heures 48. minutes : & ſi c'eſtoit à 6. heures du ſoir, apres auoir oſté 4. heures 12. minutes de 12. reſte ſept heures 48. minutes, auſquelles i'adiouſte 6. heures du ſoir, eſt 13. heures 48. minutes depuis le Soleil leuant iuſqu'à 6. du ſoir.

Sçauoir combien il y a depuis le Soleil couché, iusqu'à telle heu-
re qu'on desirera de nuict.

PROPOSITION XXVII.

IL faut par la 23. sçauoir l'heure qu'il s'absconce, & oster icelle
de l'heure proposée, estant auât minuict: mais apres osté icelle
de 12. & adiouster au reste l'heure proposée d'apres minuict, l'a-
dition donnera combien il y a d'heures, depuis le Soleil couché
iusques à l'heure proposée.

EXEMPLE.

Le 24. de May le Soleil s'absconce à 7. heures 48. minutes,
osté de 11. heures que ie propose, reste 3. heures 12. minutes qu'il
y a qu'il est couché : & si c'estoit à 3. heures apres minuict, ostant
7. heures 48. minutes de 12. reste 4. heures 12. minutes, ausquel-
les i'additionne 3. est 7. heures 12. minutes.

Sçauoir à quelle heure la Lune & toutes planettes se leuent, &
par la cognoissance de l'heure quelle se leue en vn iour, sça-
uoir à quelle heure elle se leuera le lendemain, ou par con-
tre cognoissant à quelle heure elle s'est leuée en vn iour, sça-
uoir à quelle heure elle s'est leuée le iour precedent.

PROPOSITION XXVIII.

IL faut sçauoir à quelle heure s'absconce le Soleil par la 23.
puis congnoistre le degré que possede la Lune à l'absconce-
ment, & prendre l'Ascension droite des deux, & oster la moindre de la grande (si faire se peut) sinon oster la grande de 360.
& adiouster le reste auec la petite, & diuiser ceste difference par
15. & adiouster l'equotient à celuy du Soleil couchant, & oster
l'additiõ de 12. le reste sera l'heure que la Lune se leue, à laquelle heure, si l'on adiouste le mouuement du iour naturel de la
Lune, estant reduict en temps ou minutes, sera l'heure que se leue la Lune le lendemain, ou ostant vn mouuement iournalier,
sera l'heure qu'elle s'est leuée le iour precedent.

C

EXEMPLE.

Le 20.de Mars 1609. le Soleil au premier du Mouton,ou son
ascension est 55.minutes, que i'oste du premier de la Liure,ou
l'ascension est 180.degrez 55.minutes,qui est le lieu de la Lune,
reste 180. degrez,diuisez par 15. est 12. heures,que i'additionne
à 6.heures,qui est l'heure du Soleil couchant,produict 18.heu-
res,osté de 12. reste 6. heures du soir,qui est l'heure que la Lune
se leue:Et pour sçauoir à quelle heure elle se leue le lendemain,
ie trouue qu'elle fait en son mouuement iournal 12. degrez 10.
minutes 35.secondes & vne tierce,duquel ie reiecte 59.minut.8.
secondes,mouuement Solaire,qui s'approche d'elle en l'espace
qu'elle se recule,reste 11.degrez 27 secodes & vne tierce,ie multiplie ces 12.degrez par 4.est 48.minut.35.secondes & vne tierce,
que i'additionne à 6.heures,produict 6.heures 55.minutes 35.se-
condes,& vne tierce pour l'heure du soir,à laquelle se leuera la
Lune le lendemain : & ostant cela reste l'heure du iour precedent.

ANNOTATION. L'on fera le mesme des autres Planettes,
considerant leur mouuement naturel.

*Sçauoir à quelle heure la Lune s'absconce, combien elle a esté
sus l'Orizon, & combien elle sera dessus, & le mesme
des autres Planettes.*

PROPOSITION XXIX.

IL faut sçauoir à quelle heure le Soleil s'absconce,& oster son
ascension de celle que la Lune auoit au leuant precedét,puis
voir combien elle aura fait depuis ledit leuant,& oster ces degrez,les ayant reduicts en minutes,du nombre de la diuision,le
reste monstrera son couchant,l'ostant de celuy du Soleil,lequel
couchant additionné auec le leuant,produira combien la Lune
a esté de temps sur l'orizon,lequel produict,osté de 24. restera
combien elle a esté dessus.

EXEMPLE.

Le Soleil estant au premier du Mouton,s'absconce à 6. heures,soit la Lune au matin,au premier de la Liure,la difference

de l'afcention eft 180. degrez,qui font 12. heures,& depuis fix heures du matin que le Soleil s'eft leué,iufques à fix heures du foir,la Lune a faict quelque 6.degrez 35.minutes 17.fecondes,& quelques 30. tierces,reduifant 6.degrez en minutes,eft 24. que ie fouftraicts,auec la moitié d'vn degré,qui eft 2. minutes: pour ces 35.minutes de l'Equateur,eft 26. minutes,que ie fouftraicts auec 17. fecondes & 30.tierces de 12. refte 11.heures 33. minutes 42.fecondes,& 30.tierces,que i'ofte du couchant Solaire 6.heures,& monftre qu'elle fe couche à 5. heures 33. minutes 42. fecondes 30. tierces, laquelle additionné au leuant, produict 11. heures 33.minutes 42. fecondes:30.tierces pour le temps,qu'elle a efté fur l'Orizon,fouftraict de 24. heures,refte 12.heures 26. minutes 17.fecondes:& 30.tierces pour le temps qu'elle demeure deffoubs l'Orizon.

Sçauoir l'afcention droicte du Soleil,& autres planettes, chacun iour de l'année.

PROPOSITION XXX. DEFINITION X.

AScention droicte de quelque Aftre que ce foit,au regard de tout le ciel,n'eft autre chofe que l'arc,ou partie de l'Equateur,compris entre deux Meridiens,l'vn defquels paffe le premier du Mouton,& l'autre par le corps de l'Aftre.

Et pour fçauoir icelle,il faut (par la premiere propofition) fçauoir le degré qu'il poffede au Zodiaque,& mettre l'index en mefme degré deffus la regne fur le cercle,qui faict les douze maifons inégales,elle monftrera au cercle de l'Orizon l'afcendant.

EXEMPLE.

Le Soleil trouué au 20. d'Auril au 30. degré du Mouton,ie mets fur l'Ecliptique au 30. d'iceluy l'index à l'orizon,monftre 27. degrez 54.minutes,ce qui monftre auffi auec quel degré de l'Equateur le Soleil fe leue.

*Sçauoir soubs lequel Meridien du monde est vne planette, par
l'ascention droicte, tant du Soleil que du planette proposé
à telle heure qu'on desirera, & les distances qu'ils
ont ensemble.*

PROPOSITION XXXI.

IL faut mettre l'heure proposée dessus la ville affinée, puis regarder où est l'ascention du Soleil, & mettre dessus vn index, ou notter le lieu, & ainsi des autres : Et pour sçauoir combien il y a d'vne planette à l'autre, il faut soustraire les plus moindres ascentions dès grandes.

EXEMPLE.

A 11. heures du matin l'an 1630. le Soleil au 10. dégré du Bouc, son ascention est 280. degrez 53. minutes : la Lune au 13. de l'Archer a d'ascentiõ 251. degré 33. minutes. Saturne au 16. du Scorpion a d'ascention 223. degrez 31. minutes : Iupiter au 9. de Pisces ascention 340. degrez 37. minutes : Mars au 7. du Bouc, ascention 277. degrez 38. minutes : Venus au 27. de l'archer, ascention 266. degrez 43. minutes : Mercure au 26. du mesme, ascention 265. degrez 38. & posant 11. heures du matin dessus Paris, c'est à dire 23. heures, ie voy que le Soleil est à Midy vers Venise : & mettant le 10. du Bouc dessus le Meridien dudit Venise, me sera monstré la Lune au Meridien de Tolete en Espagne, à cause qu'elle est au 13. de l'Archer : Saturne au cap de la Borado, & ainsi des autres. Et si on veut sçauoir combien il y a d'vne planette à l'autre, comme du Soleil à la Lune, ie soustraict l'ascention de la Lune 251. degré 33. minutes de 280. degrez 53. minutes, reste 29. dégrez 20. minutes, qui est leur difference à l'heure proposée, car incontinant ils changent de Meridien.

*Quand vne planette est dessoubs le cercle Meridien, de quelque
lieu proposé, sçauoir quelle heure il est.*

PROPOSITION XXXII.

IL faut mettre le degré que possede le planette dessus la longitude de la ville proposée, & conter d'iceluy combien il y a de

degrez iufques au degré que poffede le Soleil, ou fouftraire l'a-
fcention, & diuifer le nombre des degrez par 15. l'equotient dô-
nera les heures qu'il eft apres midy, le Soleil eftant Occidental
au regard du lieu, que s'il eft Oriental, il le faut ofter de 12. le
refte donnera les heures du matin.

EXEMPLE.

Le premier de May 1612. le planette de Iupiter au 17. degré
du Lyon, eftant fus Paris, fçauoir quelle heure il y eft, fon afcention eft 139. degrez 28. minutes, que i'ofte de l'afcention du Soleil 38. degrez 30. minutes, refpondant au 11. du Taurcau, qui
eft le degré du Soleil en ce iour, refte 100. degrez 58. minutes,
diuifé par 15. eft 6. heures, & refte 10. degrez qui vallent 40. mi-
minutes: auec 2. & demie pour 58. eft 42. & demie: auec 6. heures eft 6. heures 42. minutes apres midy à Paris.

AVTRE EXEMPLE.

Quand le Soleil eft Oriental, au regard du lieu propofé, côme le dernier de May 1612. Mars fus le Méridien Parifien, au 6.
degré du Mouton ou fon afcenfion eft 4. degré 37. minutes, que
i'ofte de 68. degrez 21. minutes, qui eft celle du Soleil, veu qu'il
eft au 10. degré des Gemeaux, refte 63. degrez 44. minutes, que
ie diuife par 15. eft 4. heures 17. minutes qu'il s'en faut qu'il ne
foit midy, que i'ofte de 12. le produit me monftre 7. heures 43.
minutes du matin.

*Sçauoir la latitude des planettes au midy de chacun iour
proposé.*

PROPOSITION XXXIII. DEFINITION XI.

*L Atitude d'vne planette eft la partie d'vn grand cercle, paffant
par les poles du Zodiaque, comprife entre l'Ecliptique & le centre
du planette.*

Et veu qu'elle eft facile à trouuer & fupputer, ayant la congnoiffance du degré de la planette, nous n'en parlerons point
d'auantage que de fon vtilité aux propofitions fuiuantes.

Sçauoir la declination des planettes à chacun iour qu'on vou-
dra, & que la latitude est Septentrionnalle ou
Meridionnalle.

Proposition XXXIIII.   Definition XII.

DEclination d'vne planette est la partie d'vn grand cercle, passant *par les poles du monde, compris entre l'Equateur & le centre de la planett e.*

Et pour sçauoir icelle, faut sçauoir la declination du Soleil, à laquelle il faut adiouster la latitude de la planette : si elle est Septentrionale, l'addition donnera la declination de la planette : & si la declination est Méridionale, faut souftraire la latitude de la declination.

Comme le premier de Septembre 1613. la declination Septentrionale du Soleil, eftant 8. degrez 58. minutes, à laquelle i'adioufte vn degré 4. minutes latitude de Iupiter, produict 10. degrez 2. minutes pour sa declination.

A telle heure proposée qu'on desirera sçauoir les lieux & pays
& les habitans d'iceux, qui ont la planette deſſus leurs
teftes, enfemble les lieux & pays où ils paſſent vn
chacun iour de l'année.

Proposition XXXV.

IL faut mettre l'heure proposée fur la ville affinée, puis regarder le Meridien que poſſede la planette, & conter fur iceluy la declination, la fin du compte monftre le lieu de la planette, deſſoubs lequel fera ceux qui l'ont fur leurs teftes : que si l'on tourne le globe celefte autour de la terre, l'on verra tous les habitans qui luy auront ce iour.

Sçauoir la declination du Soleil.

Proposition XXXVI.

IL faut sçauoir le degré du Zodiaque que poſſede le Soleil par la premiere propofition, & noter iceluy deſſus le cercle de l'orizon,& ſur l'Ecliptique,ſelon la Sphere droicte,ſera monſtré la declination,comme au midy du 30.d'Auril,le Soleil poſſedãt le 9. degré 19.minutes du Taureau,apporte ſur l'orizon, ie voy 15.degrez de declination.

Sçauoir la declination du Soleil à telle heure qu'on voudra apres midy.

PROPOSITION XXXVII.

IL faut oſter la declination du Soleil du midy precedẽt l'heure propoſée de celuy du ſuiuant (ou au contraire ſelon qu'elle eſt Septentrionnale ou Meridionnale) mettre le reſte au ſecond lieu de la regle de trois 24. au premier,& l'heure propoſée au 3. & adiouſter le produict de ladite regle à la declination du midy precedent,ſi elle eſt directe,ou ſi elle croit,ou l'oſter ſi elle décroit ou retrograde.

EXEMPLE.

L'an 1609. le 3.d'Auril à quatre heures apres midy,ſçauoir la declination: Ie ſouſtraict la declination du midy precedent 5. degrez 21. minutes de celuy du ſuiuant,5.degrez 44. reſte 23. minutes pour le ſecond lieu,& dict,ſi 24. donne 23. minutes, combien 4.heures produict 3.minutes 50.ſecondes,que i'additionne auec les degrez & minutes du midy precedent l'heure,à raiſon que la declination croiſt,l'addition donne 5. degrez 24. minutes,& 50. ſecondes pour la declination du 3.d'Auril à quatre heures apres midy.

AVTRE EXEMPLE.

Le premier de Ianuier 1609. (parcõtre de la precedente) au lieu de ſouſtraire la declination du precedent de celuy du ſuiuant,ie ſouſtraict celuy du ſuiuant du precedent,comme ledit iour que la declinatiõ eſt 23.degrez 6.minutes,dequoy oſte celle du ſuiuant,23. degré vne minute,reſte 5. minutes,pour le ſecond lieu,ſoit proposé 4. heures apres midy,le produict de la regle de trois donne $\frac{20}{24}$ ou 50. ſecondes,que ie ſouſtraict du midy precedent,veu que la declination eſt retrograde,c'eſt à dire qu'elle décroiſt,& reſte 23. degrez 5.minutes 10.ſecondes,pour la declination de l'heure de quatre heures apres midy, au premier an ciuil 1609. au premier iour de Ianuier.

Sçauoir quand il faut oster ou adiouster le produict de la regle de trois à la declination, & quand elle est dicte directe, ou retrograde.

PROPOSITION XXXVIII.

QVand le Soleil est en ces trois signes Septentrionnaux, le Mouton, Taureau & Gemeaux, & en ces trois Meridionnaux la Liure, le Scorpion & l'Archer fait adiouster le produict de la regle de trois à la declination du midy precedent l'heure, l'addition donnera la vraye declination du Soleil à l'heure proposée, laquelle est dicte communément directe.

Et quand le Soleil est en ces trois autres signes Septentrionnaux l'Escreuice, le Lyon, & la Vierge, & ces trois autres Meridionnaux, le Bouc, le verseur d'eau & Poissons, faut oster le produict de la regle de trois, de la declination du Soleil, laquelle est dicte retrograde.

Sçauoir chacun iour de l'année, par dessus la teste de quels habitans de la terre le Soleil passe.

PROPOSITION XXXIX.

DEpuis le 20. de Mars iusqu'au 23. de Septembre le Soleil est aux signes Septentrionnaux, selon le Kalendrier Gregorien, parquoy la declination est Septentrionnalle, parquoy on sçaura dessus quels habitans de la terre le Soleil passe, mettant l'index dessus le lieu de la declination, puis nottant iceluy, & faisant tourner le globe autour du monde, l'on verra tous ceux dessus lesquels le Soleil passera ce iour.

EXEMPLE.

L'an 1609. le 11. d'Auril, la declination trouuée 7. degrez 59. min. à midy, que le Soleil est au Mouton, ayant remarqué ceste declination, & fait tourner le globe, ie voy que dessus les habitans de Gerico, Alto, & tous autres, qui sont vers 8. de latitude, que le Soleil passe dessus leurs testes ce iour.

Lors que le Soleil eſt aux Meridionnaux, qui eſt depuis le 24. de Septembre iuſques au 20. de Mars, la declination eſt Meridionnalle, parquoy faut faire comme deſſus en icelle part.

AVTRE EXEMPLE.

Le 12. de Feurier, la declination 10. degrez 7. minutes Meridionnalle, ie remarque ce nombre en l'Ecliptique, & tourne la rene tout autour, & me monſtre que les habitans du Cap de Quiola, & tous les autres qui ſont en ce parallele, ont le Soleil ce iour deſſus leurs teſtes, veu qu'ils ont 10. degrez de latitude Meridionalle.

Quand il eſt midy au lieu de ton habitation, ou autre lieu propoſé, ſçauoir ceux qui ont le Soleil deſſus leurs teſtes.

PROPOSITION XL.

IL faut mettre le degré de la declination deſſus le Meridien du lieu propoſé, & deſſoubs ce degré ſeront ceux qui ont midy.

EXEMPLE.

Quand il eſt midy à l'Iſle de Candie, ſçauoir ceux qui ont le Soleil deſſus leurs teſtes le 20. de May, ayant remarqué le degré de la declination, qui eſt 20. degrez que ie mets deſſus le Meridien de Candie, ie voy deſſoubs les habitans de Nubie, leſquels ont le Soleil deſſus leurs teſtes : faiſt le meſme en la part Meridionale.

Quand il eſt midy à quelque lieu propoſé Septentrional, ſçauoir ceux qui ont le Soleil deſſus leurs teſtes, lors qu'il eſt en la part Meridionalle.

PROPOSITION XLI.

IL faut ſçauoir la longitudine du lieu propoſé, en la face Septentrionalle, & tourner la Meridienne vers l'arene, & deſſus le Meridien de la longitude amener le degré de la declination, & deſſoubs ſeront ceux qui ont midy, côme quand il eſt midy à Amaras, qui eſt à 71. degré de longitude Septentrionale, on trouuera que ceux de Quiola ont le Soleil deſſus leurs teſtes, le 22. de Feurier.

D

Sçauoir combien il y a de degrez & de lieuës entre ceux qui
ont le Soleil ſur leurs teſtes, & quelque lieu ſur le meſme
Méridien, & que le lieu, les lieux & le Soleil
ſont d'vne meſme part.

PROPOSITION XLII.

FAut ſçauoir la latitude du lieu proposé, & oſter d'icelle la declination du Soleil, le reſte donnera la diſtance d'entre le Soleil & le lieu proposé : & ſi on multiplie ceſte diſtance par 30.
produira les lieuës Françoiſes, qu'il y a d'vn lieu à l'autre.

EXEMPLE.

Candie eſt à quelques 36. degrez 40. minutes de latitude, duquel i'oſté la declination du 20. de May, qui eſt 20. degrez, reſte
16. degrez 40. minutes, qui eſt la diſtance de Candie à Nubie,
ſur laquelle eſt le Soleil : & ſi on multiplie 16. degrez par 30. pro-
duiét 480. lieuës, & la moitié de 40. 20. eſt 500. lieuës de Candie à Nubie, & ceux de Nubie ont le Soleil deſſus leurs teſtes.

Sçauoir comme deſſus, & que la latitude eſt moindre
que la declination.

PROPOSITION XLIII.

FAut oſter la latitude de la declination, comme oſtant 15. degrez latitude du Cap vert de 20. reſte 5. degrez de diſtance
du Cap vert, à ceux qui ont le Soleil deſſus leurs teſtes.

Sçauoir la haulteur de tout Aſtre.

PROPOSITION XLIIII. DEFINITION XIII.

LA haulteur de quelque Aſtre que ce ſoit, eſt le mouuement & éle-
uation de ſon centre ſur l'orizon Oriental, par lequel mouuement
il monte de degrez en degrez, depuis l'Orient iuſques à la ligne Me-
ridienne, & ſe montement eſt dict haulteur matutine Orientale,
laquelle finit à midy que le Soleil eſt ſur ladite Meridienne : & de là
deſcend iuſques au meſme Orizon Occidental, & ceſte decente eſt dicte

haulteur Occidentale Vespertine : & ceste montée & descente qui se fait depuis l'Orient passant par nostre Meridien iusques en Occident, s'appelle haulteur, selon la signification dicte.

Et pour sçauoir icelle, ayant suspendu le Pantocosme par l'aneau ou par le centre, si c'est pour sçauoir la haulteur du Soleil, ie tourne tant la Lidade que ie voye les rays du Soleil passer par les fentes des pinulles, ou par les pertuis, & le bout de l'index me monstre la hauteur: Mais estant pour la Lune & Estoille, ie regarde tant qu'au trauers des pinulles ie voye l'astre notté, en baissant ou haussant l'index, tant que ie voy estre necessaire, ce qui sert pour plusieurs obseruations : Or pour sçauoir si elle est matutine ou Vespertine quant au Soleil, il faut obseruer icelle plusieurs fois vers midy: & si l'on trouue la seconde fois plus que la premiere, ceste premiere est matutine, la tierce moins que la seconde, ceste tierce est Vespertine : quant aux autres, l'obseruation est quand elle passe de nuict dessus le cercle Meridien.

Obseruer la haulteur Meridienne du Soleil.

PROPOSITION XLV.   DEFINITION XIIII.

LA haulteur Meridienne du Soleil, est la plus grande de tout le iour, & se faict quand l'astre est soubs le cercle Meridien, laquelle haulteur est l'arc d'vn grand cercle passant par le zenit & le centre du Soleil, lequel arc est compris entre le Soleil & l'Orizon.

Il faut par la precedente suspendre le Pantocosme deuers midy, & considerer quand le Soleil sera en sa plus grãde haulteur, comme le trouuant 60. puis 61. puis 59. ie dy que 61. est sa hauteur Meridienne.

Sçauoir le mesme sans voir le Soleil, & que le Soleil & la ville proposée sont d'vne mesme part.

PROPOSITION XLVI.

IL faut sçauoir la distance d'entre le lieu proposé, & le degré de la declination, & oster ceste distance de 90. qui est la quarte d'entre le zenit & l'orizon, le reste donnera la haulteur Meridienne du Soleil.

EXEMPLE.

Le 20. de may le Soleil au 28. degré 39. minutes du Taureau, que la declination eſt 20. degrez Septentrionnalle, ſçauoir la hauteur meridienne de Paris, auſſi Septentrional, qui a 48. degrez 40. minutes de latitude, le reſte de la ſouſtration donne 28. degrez 40. minutes diſtance de Paris au Soleil, oſté de 90. reſte 61. degré 20. minutes, pour la quarte d'entre le zenit & l'orizon qui eſt la haulteur meridienne que i'euſſe trouué le Soleil s'il euſt paru.

Sçauoir comme deſſus, lors que le Soleil eſt d'vne part,
& la ville de l'autre.

PROPOSITION XLVII.

FAut additionner la declination, auec la latitude, oſter ceſte addition de 90. le reſte ſera la haulteur Meridienne, comme le 21. de Nouembre, la declination eſt 20. degrez vne minute, veu que le Soleil eſt au 28. degré 33. minutes du Scorpion, ſigne Meridional, ſçauoir la haulteur Meridionale à Paris, ſans pouuoir voir le Soleil, i'additionne 20. degrez vne minute, auec 48. degrez 40. minutes latitude Pariſienne, eſt 68. degrez 41. minutes que ie ſouſtraict de 90. reſte 21. degré 19. minutes pour la haulteur d'icelle.

Sçauoir comme deſſus le Soleil eſtant aux Equinoxes.

PROPOSITION XLVIII.

LE 23. de Septembre & 20. de Mars que la declination eſt 00. ſçauoir la haulteur Meridienne, s'il faict nebuleux, i'oſte la latitude, comme de Paris 48. degrez 40. minutes de 90. reſte 41 degré 20. minutes pour la hauteur Meridienne aux Equinoxes.

Sçauoir la haulteur du pole, lors que le Soleil eſt d'vne part, &
la ville de l'autre.

PROPOSITION XLIX. DEFINITION XV.

HAulteur du pole eſt l'arc du Meridien compris entre le pole & l'orizon du lieu proposé, & icelle eſt égale à la latitude du lieu.

laquelle selon l'Astronomie est l'arc ou distance qui est depuis l'Equi-
noxial iusques au zenit.

Il faut sçauoir la haulteur Meridienne, adiouster à icelle la declination du Soleil, l'addition donnera la haulteur de l'Equateur, laquelle ostée de 90. donnera la haulteur du pole.

EXEMPLE.

Vn pilotte ayant trouué la haulteur meridienne au cap de bonne Esperance de 34. degrez 35. minutes au 24. de may, que la declination est 20. degrez 37. min. l'addition donne 55. degrez, laquelle osté de 90. reste 34. degrez 48. minutes, pour la haulteur Antarctique du Cap de bonne Esperance, il faut faire le mesme, le Soleil estant au midy, & la ville en Septentrion.

Sçauoir comme dessus, & que le lieu & le Soleil sont
d'vne mesme part.

PROPOSITION L.

IL faut oster la declination de la haulteur meridienne, restera la haulteur de l'Equateur, qu'il faut oster de 90. restera la haulteur du pole. Vn matelot se trouuant au détroit de magellant le 23. de Nouembre que le Soleil est au premier de l'Archer, trouuera la haulteur de 55. degrez, de laquelle ostant 20. degrez 25. minutes de declination, restera 34. degrez 35. minutes, pour la haulteur de l'Equateur, que i'oste de 90. reste 55. degrez 25. minutes pour la haulteur meridionale du pole de magellant.

Sçauoir la haulteur du pole aux Equinoxes.

PROPOSITION LI.

A L'Equinoxe, que la declination est 00. il faut oster la haulteur Meridienne de 90. restera la haulteur du pole, comme au 23. de Septembre à Paris, ie trouue la haulteur meridienne 41. degré 20. minutes, que ie soustraict de 90. reste 48. degrez 40. minutes.

Difcours des Cieux, des Eftoilles & Planettes.

PROPOSITION LII.

LEs Cieux ont efté fubdiuifez en vnze, le dernier & plus hault eft l'empirée, deffoubs lequel eft le premier mobile, qui fait fon tour d'Orient par midy en Occident, paffant, fe contournant par le minuict audit Orient en l'efpace de 24. heures, qui eft le iour naturel, deffous iceluy eft le ciel Chriftalin, qui eft celuy qui borne noftre veuë, à caufe de fa Dcité, lequel a deux mouuemens, vn qui fe fait en 24. heures par le rauiffement du premier mobile, l'autre au contraire d'Occident en Orient en 49000. ans, deffoubs lequel eft le huictiefme, où font toutes les Eftoilles qui font en fix efpeces de magnitude ou groffeur, deffoubs lequel font en chacun en leur ordre les 7. Cieux, qui appartiennent aux Planettes : & veu que par la congnoiffance d'icelles Eftoilles de leurs declinations, mouuemens, afcentions, nature, & autres proprietez, fe fait non feulement de grandes fpeculations par l'Aftronomie, mais de gráds effects iugez d'eux par l'Aftrologie, il nous a femblé tres-conuenable de traicter d'icelle.

DEFINITION D'ESTOILLES.

Eftoille eft vne partie du Firmament la plus dance & polie, toutes lefquelles prennent leur clarté du Soleil, comme les planettes, icelles font appellées non errantes, veu qu'elles font toufiours en mefme propinquité & diftance, & font perpetuellement leur reuolution en 24. heures, par la vertu du premier mobille, toutesfois qu'ils en ont vn autre qui fe faict en 36000. ans.

Sçauoir la longitude, afcention, latitude, declination, & nature des Eftoilles.

PROPOSITION LIII.

Definition xvi. de longitude d'Eftoilles.

LOngitude d'vne Eftoille n'eft autre chofe que la partie de l'arc d'vn grand cercle, compris entre deux Meridiens, l'vn paffant par le premier du figne où refide l'Eftoille, & l'autre par le centre d'icelle.

Definition XVII. d'aſcention d'Eſtoilles.

Aſcention droite d'vne Eſtoille eſt l'arc de l'Equateur, entre deux grands cercles, l'vn deſquels paſſe par le premier du Mouton, & l'autre par le centre de l'Eſtoille.

Definition XVIII. de latitude.

Latitude d'vne Eſtoille eſt l'arc d'vn cercle compris entre l'Equateur & le centre de l'Eſtoille.

Definition XIX. de declination.

Declination d'vne Eſtoille eſt l'arc d'vn cercle, compris entre l'Ecliptique & le pole ou Equateur.

Et pour ce ſçauoir, il faut remarquer le degré du Zodiaque que poſſede l'Eſtoille, qui ſera ſa longitude, & conter d'iceluy degré iuſqu'au premier du Mouton, ſera ſon aſcention, contant de ce degré au pole ſera ſa latitude Meridionale ou Septentrionale, contant de l'Ecliptique vers l'Equateur, ou d'icelle vers le pole ſera ſa declination.

EXEMPLE.

Deſſus le 19. degré 4. minutes de l'Eſcreuice, ie trouue l'Eſtoille du petit chien, ie dy que ce nombre eſt ſa longitude, laquelle referée au nombre qui ſuit iuſques à 360. monſtre l'aſcention de 109. degrez, & contant ſur l'index depuis le lieu de l'Eſtoille, iuſques à l'orizon mobile, ie trouue 16. degrez pour ſa latitude Meridionale, & de l'Ecliptique ie voy quelque 6. degrez 7. minutes pour ſa declination Septentrionale.

Cognoiſtre tous les lieux & pays par où vne Eſtoille paſſe tous les iours de l'année.

PROPOSITION LIIII.

IL faut remarquer l'Eſtoille deſſus la rene, & tourner icelle tout à l'entour de la face, & elle monſtrera deſſus quel pays elle paſſe: Ie veux ſçauoir de la part Septentrionale par où paſſe le petit chien tous les iours, tournant icelle, ie voy qu'elle paſſe deſſus les habitans de l'iſle ſainďe Luce, ſur le Cap vert, & autres.

Sçauoir soubs quel Meridien est vne Estoille, à telle heure qu'on voudra.

PROPOSITION LV.

IL faut sçauoir le degré que possede le Soleil au Zodiaque au iour proposé, & le degré de l'Estoille, mettre l'heure donnée dessus la ville assinée, & regarder ceux qui ont midy à l'heure proposée, & rapporter le degré du Soleil dessus iceux, puis regardant le degré que possede l'Estoille, & dessoubs sera le Meridien de ceux qui l'ont dessus leurs testes.

EXEMPLE.

Le 24. d'Auril, le Soleil au 5. du Taureau, à 8. heures du matin à Paris, sçauoir ceux qui ont l'espy, qui est à 17. degrez 40. minutes de la Liure, dessus leur Meridien : Voyant que ceux de 84. degrez ont midy, ie mets le 5. du Taureau dessus, & me mostre que ceux de 246. ont ceste Estoille dessus leur Meridien.

Sçauoir dessus quel pays est vne Estoille proposée, & ceux qui l'ont dessus leurs testes, à telle heure qu'on desirera.

PROPOSITION LVI.

APres auoir trouué le Meridien qu'elle possede, le corps d'icelle representé en l'arene, monstre dessus quelle ville, Isle ou pays elle est, comme lors que le Soleil est au 28. degré de la Vierge, qui est vers le 20. de Septembre estant à Paris à 4. heures apres midy, sçauoir ceux qui ont l'Estoille du petit chien dessus leurs testes, trouuant par la precedente qu'elle possede le 257. de longitude, & le corps d'icelle me monstre qu'elle est vers les habitans de Tremistitan au Perou.

Quand vne Estoille est soubs vn lieu, sçauoir quelle heure il est aux autres.

PROPOSITION LVII.

APres auoir osté l'ascention droite du Soleil de celle de l'Estoille, diuise le reste par 15. l'equotient donnera l'heure d'apres-midy, qu'il est au lieu proposé.

EXEMPLE.

Le 23. d'Auril, le Soleil au 4. degré du Taureau, sçauoir quelle heure il est à Paris: Bootes estant dessus son cercle Meridien,
apres auoir osté l'ascention droite du Soleil 31. degré 44. minutes de celle de l'Estoille 209. degrez vne minute, le reste donne
177. degrez 17. minutes, lesquelles diuisées par 15. produict 11.
heures, & reste 12. degrez, multiplié par 4. est 48. minutes : partant il est 11. heures 48. minutes du soir à Paris ce iour, lors que
Bootes est dessus nostre cercle Meridien.

Sçauoir comme dessus, & que le quotient est plus de 12.

PROPOSITION LVIII.

IL faut oster du quotient 12. le reste donnera l'heure du matin,
le mesme iour sçauoir quelle heure il est à Paris: la Lire qui a
275. degrez d'ascention, estant dessus son Meridien, la difference est 243. degrez 16. minutes, diuisant 243. par 15. est 16. heures
12. minutes, reiettant 12. monstre qu'il est plus de 4. heures du
matin à Paris ce iour, l'Estoille estant dessus ce Meridien.

Sçauoir l'heure comme dessus, & que l'ascention droite du So-
leil ne se peut oster de celle de l'Estoille.

PROPOSITION LIX.

IL faut oster l'ascention droite du Soleil de 360. & adiouster le
reste à l'ascention de l'Estoille, & diuiser l'addition par 15. le
quotient donnera l'heure proposée, comme le 12. de Decembre que le Soleil est au 20. de l'Archer, où son ascention est 259.
degrez 7. minutes, que ie veux oster de 96. degrez 58. minutes:
(ascention du grand chien) & ne se pouuant, ie l'oste de 360. reste 100. degrez 53. minutes que i'additionne à 96. degrez 58. minutes, produit 197. degrez, qui est plus de 13. heures du soir qu'il
est à Paris ce iour, ceste Estoille estant dessus nostre cercle Meridien, & de 13. oster 12. reste plus d'vne heure du matin.

E

Sçauoir le Meridien du Soleil, quand la haulteur de l'Eſtoille
eſt ſoubs le cercle Meridien, & combien il y a d'iceluy
à celuy de l'Eſtoille.

PROPOSITION LX.

TV mettras la longitude de l'Eſtoille deſſus celle de la ville, &
regarderas le degré que poſſede le Soleil, & conteras les degrez qu'il y a de l'vn à l'autre, ou ſouſtrairas les aſcentions, &
auras la difference, & où reſide le Soleil.

EXEMPLE.

Quand l'Eſtoille de l'eſpy eſt ſoubs le Meridien de Paris, le
Soleil au premier de l'Eſcreuiſſe, ie trouue 105. degrez, & la fin
du compte me monſtre 177. degrez pour le lieu où reſide le Soleil, au temps qu'on a pris la haulteur de l'Eſtoille.

Il ſera facile faire le meſme, quand la haulteur ſera ou Orientale ou Occidentale.

Par la haulteur d'vne Eſtoille ſçauoir l'heure égale de nuict.

PROPOSITION LXI.

AYant trouué le Meridien que poſſede le Soleil au droit ſur
l'Equateur, ſera l'heure égale de nuict.

EXEMPLE.

Ayant trouué la Lyre de 74. degrez, mettant le 8. du Bouc
ſur 74. en Occident, ie voy au droit de 218. degrez 40. minutes
3. heures, & quelques 40. minutes du matin pour l'heure égalle,
au temps que la haulteur a eſté priſe.

Sçauoir quand vne Eſtoille eſt deſſoubs le cercle Meridien.

PROPOSITION LXII.

IL faut mettre le degré du Soleil deſſus le Meridien de la ville
propoſée l'ayant porté au Midy, & regarder ſi elle eſt Orientale au regard du Soleil, (& par conſequent de la ville) monſtrera cōbien il y a qu'elle eſt ſortie de la moitié du Meridié du minuict, lieu des periœciens: contant de ce lieu iuſques à midy, elle

monftrera combien elle demeurera à eftre fur le Meridien. Si
l'Eftoille eft Occidentale au regard du Soleil, cela demonftre
combien il y a qu'elle eft fortie du cercle Meridien,lequel ofté
de 12. ou conter iufques à minuiƈt,l'on verra combien elle demeurera à y paruenir; fi elle eft auec le Soleil,il eft midy.

EXEMPLE.

Le Soleil au 20. degré 10. minutes de l'Efcreuice,fçauoir à
Paris à quelle heure paffera l'Eftoille de l'efpy de la Vierge fur
fon Meridien:mettant le degré du Soleil deffus le Meridien de
Paris,ie voy qu'il y a 6. heures 14. minutes qu'elle a paffé par le
Meridien des periœciens,lequel ofté de 12. monftre qu'elle y fera 5.heures 46.minutes apres:Et l'œil du Taureau fe trouuant
au droit de 3.heures 13. minutes,môftre qu'il y a 3.heures 13.mi-
nutes qu'il eft forty du Meridien Parifien, lequel nombre ofté
de 12. monftre que c'eftoit à 8. heures 47. minutes du matin,
qu'il y a paffé,qui eft égal au temps qu'il demeurera à paruenir
au minuiƈt.

*Sçauoir à quelle heure fe leue vne Eftoille fur l'Orizon, & à
quelle heure elle s'abfconce.*

PROPOSITION LXIII.

IE mets la poinƈte de l'Eftoille ou fon degré, fi elle eft proche
de l'Ecliptique deffus l'Orizon Oriental oblique de voftre region : & la Lidade deffus le degré du Soleil,monftre au Lymbe
de l'inftrument l'heure que l'Eftoille paroift deffus l'orizon : &
tranfportant ce degré en Occident,monftre l'abfconçant.

EXEMPLE.

Le cœur du Scorpion,ou le 3.de l'Archer deffus l'orizon oblique en Orient,& le 5.degré du Taureau,me monftre auec la Lidade qu'elle fe leue à 9. heures 40. minutes apres midy le 25.
d'Auril:& portant ce degré en Occidét,monftre qu'elle fe couche à 6.heures du matin.

Sçauoir dresser les douze maisons selon les modernes.

PROPOSITION LXIIII.

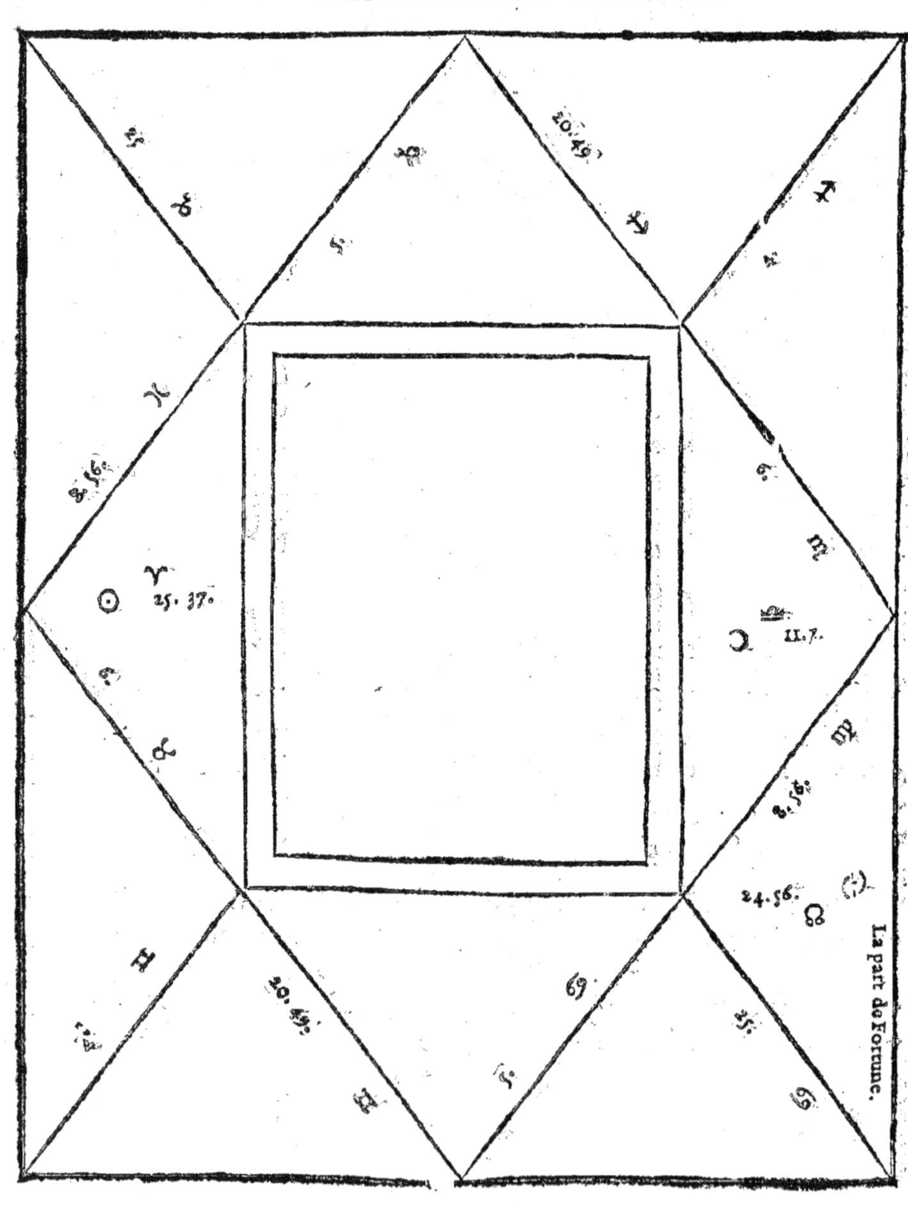

DEFINITION XX. DE MAISONS.

MAisons (selon les anciens) est vne douziesme partie du ciel, composée à la similitude des douze signes du Zodiaque, desquelles 6. se treuuent perpetuellement dessus l'Orizon, & 6. dessoubs : les proprietez desquelles & autres choses qui s'en peuuent dire, appartiennent plus à l'Astrologien qu'à l'Astronomien : c'est pourquoy n'estant en ce propos, considerons seulement les mouuemens.

Encore qu'icelles se peuuent faire en diuerses manieres, nous dirons seulement à present de la Methode de mon-Royal, pour estre la mieux receuë : & pour ce faire, il faut sçauoir le degré du Soleil au Zodiaque, au iour proposé, & mettre iceluy au droit de l'heure, ou de l'heure & minute proposee, à laquelle lon veut dresser les maisons, & regarder en Orient : à l'Orizon oblique l'on verra où commence la premiere, & ainsi des autres.

Soit donné à dresser vne figure pour le 16. d'Auril l'an 1601. à 3. heures 45. minutes du matin, le tout operé comme dit est, ie voy l'ascendant estre le 8. degré 56. minutes des Poissons, & ainsi des autres.

Sçauoir mettre la partie de fortune dedans la figure.

PROPOSITION LXV.

POur mettre le Soleil & la Lune dedans la figure, il sera facile de ce faire par les propositions precedentes : mais pour les cinq autres planetes, teste & queuë du Dragon, ne voulant pour le present escrire le moyen de les y mettre, tant à cause du long discours que quantité d'exemple, qu'en consideration qu'il est facile, auec peu de supputation par les Ephemerides, ie parleray seulement de la part de fortune, qui doibt estre autant esloignée de la Lune, comme le Soleil est de l'ascendant.

EXEMPLE.

Contant du 8. degré 56. minutes des Poissons iusques au Soleil, il y a 46. degrez 41. minutes que ie compte de la Lune, & la fin du compte me monstre le 24. degré 56. minutes du Lyon, pour le lieu de la part de fortune.

Sçauoir dreſſer le degré aſcendant des reuolutions.

PROPOSITION LXVI. DEFINITION XXI.

REuolutions de quelque choſe que ce ſoit, eſt lors que le Soleil retourne au poinct où il eſtoit au temps de la choſe commencée, ſans
entendre parler des reuolutions des autres Aſtres.

Et pour ſçauoir tous les ans l'Horoſcope deſdites reuolutiõs
(obmettant l'opinion de ceux qui adiouſtent 5. heures 49. minutes 16. ſecondes) & ceux qui y donnent 5. heures 49. minutes
51. & 5. heures 56. minutes, i'adiouſte 5. heures 48. à l'heure &
minute (s'il y en a auec l'heure qu'on propoſe) l'addition donne
l'heure où il faut poſer le degré que le Soleil tenoit au Zodiaque, à l'heure que la choſe propoſée a commencé.

EXEMPLE.

Ie deſire dreſſer vne figure pour l'an 1602. reſpondant au 16.
d'Auril 1601. pour vn enfant qui fut né ce iour, à 3. heures 45.
minutes du matin, auquel ayant adiouſté 5. heures 48. minutes,
l'addition donne 9. heures 33. minutes, pour l'heure que le Soleil
ſera au degré & minute, où il eſtoit l'an 1601. à 3. heures 33. minutes du matin, & par la precedente l'on dreſſera la figure deſſus
ceſte heure.

Sçauoir quel ſigne eſt la profection de telle année qu'on
voudra d'vne natiuité.

PROPOSITION LXVII.

EN faict de profections, chacune maiſon a 30. degrez ; & les
premiers 30. degrés appartiennent au premier an, les ſeconds
30. au ſecond an, & ainſi d'ordre iuſqu'au 12. & le 13. eſt celuy
qui a eſté le premier.

Et pour ſçauoir reſoudre cela, ayant trouué le degré aſcendant par la Methode de mon-Royal, trouuant iceluy au cercle
de l'Orizon, ie l'apporte deſſus l'Orizon droict, il monſtre le ciel
diuiſé en douze parties égales, & chacune ſert vn an, puis recommence.

EXEMPLE.

Ayant apporté le 8. degré 56.minutes des Poiſſons(de la precedente natiuité) deſſus l'Orizon droit,voyant le ciel diuiſé en 12. parties égales,ſçauoir où commence la profection de l'an 14. d'icelle,ie trouue que c'eſt le 8. degré 56. minutes du Mouton, où commence la profection,& dure iuſques au 8. degré 56. minutes du Taureau : & trouuant le Soleil en ce ſigne, ſera en ceſt an ſeigneur d'icelle,lequel regarde de bon ou mauuais planettes d'œil de parfaicte amitié,ou d'imparfaicte,promet au iour que ces aſpects aduiendront ioye ou triſteſſe,maladie ou ſanté,conuerſation bonne ou mauuaiſe,& ainſi d'autre choſe : ce qui appartient à eſtre iugé par l'Aſtrologie,& non par l'Aſtronomie.

Sçauoir mettre la part de ſubſtance en vne figure.

PROPOSITION LXVIII.

IL faut compter depuis le ſeigneur de la ſeconde maiſon les degrez qu'il ſe trouue iuſques à icelle,ſelon l'ordre des ſignes, puis compter la quantité d'iceux depuis l'aſcendant,la fin du compte donnera le lieu,comme ſi Mercure eſt en vne natiuité au 26. du verſeur d'eau que la ſeconde maiſon ſoit le 21. des Gemeaux,ie trouue de l'vn à l'autre 115. degrez que ie compte depuis le 20. du Taureau , qui ſera l'aſcendant,& trouue icelle eſtre à la fin du 15. de la Vierge:on iuge d'icelle pour l'accroit ou décroit des richeſſes, ainſi qu'à la part de Fortune, & pour la nourriture & viures.

Trouuer quand vn planette eſt en vne ou pluſieurs de ſes dignitez
eſſentielles,& en ſes debilitez.

PROPOSITION LXIX.

CEla ſera facile mettant l'index deſſus vn ſigne propoſé,c'eſt pourquoy nous n'en dirons autre choſe,ſinon que quand il s'en trouue vn en ſa face,iceluy eſt comme vn maiſtre entre ſes diſciples,& a vne force en ſon terme,deux forces en ſa treplicité,trois forces en ſon exaltatiõ;quatre en ſa maiſon,ſoit de iour ou de nuict,cinq (& lors qu'il est opposé à ces maisons,il est en son détriment) opposé à son exaltation en sa cheutte,n'ayant nulle dignité,il est voyager ou pelerin.

Ce que doibt faire vn Medecin pour proceder à la guerison d'vn malade,ou iuger ce qu'il en aduiendra.

PROPOSITION LXX.

IL doibt s'enquerir du iour,heure & mois qu'il est escheu malade,dresser vne figure dessus ceste heure, l'ascendant & son seigneur signifiera le malade,la dixiesme & son seigneur la maladie,la quatriesme &son seigneur la medecine,puis considerer la Lune,mettant l'index des iours Chritiques dessus le iour de la conionction,&l'index Lunaire dessus le degré que possede la Lune:que si elle se trouue regarder ce lieu de quadrat,soit dextre ou senestre,ou d'oposition,estant hors de ses dignitez essentielles,colloquée en la 6.8.ou 12.maison,auec grande difficulté le malade réchappera : & si le seigneur de cest ascendant est debile,il mourra,la Mecedine luy faisant plus de tort que de bien:que si la Lune se trouue en ceste sorte,mais en ses dignitez, la maladie sera longue,mais rechappera,si auec ce la dixiesme maison & son seigneur sont bien disposez.

Le seigneur de l'ascendant conioincts auec la Lune en bon ou mauuais lieu,pourueu qu'ils soient forts non retrogradez ny bruslez,en signe muable ou non,promettent que le mal durera peu.

PROPOSITIONS GEOGRAPHIQVES ET COSMOGRAPHIQVES.

Sçauoir la longitude de tous lieux.

PROPOSITION LXXI. DEFINITION XXII.

Longitude ou longueur d'vn lieu est l'arc ou partie de l'Equateur compris entre le Meridien des Isles Fortunées ou Canaries, & celuy du lieu proposé, auquel on veut sçauoir la longitude, laquelle se compte sus l'Equateur, tirant d'Occident par Midy en Orient au mesme Meridien des Isles Fortunées, où finit & commence le compte de 360. degrez de longitude.

Et pour sçauoir icelle, il faut poser le costé de l'index dessus le lieu proposé, iceluy monstrera le degré ou degré & minute de longitude, comme mettant l'index dessus Paris, ie voy à l'Equateur 23. degrez 30. minutes pour sa longitude.

Sçauoir la latitude de tous lieux.

PROPOSITION LXXII. DEFINITION XXIII.

Largeur ou latitude de quelque lieu est l'arc du Meridien compris entre l'Equateur & le poinct dudit lieu.

Il faut poser l'index sur le degré de la longitude du lieu proposé par la precedente, & regarder le long de l'index, tirant au pole, contant les degrez qui sont dessus cest index, depuis l'Equateur iusques au poinct de ladicte ville, de laquelle on veut sçauoir la latitude, & la fin du compte monstre le nombre d'icelle.

Comme posant l'index dessus la longitude de Paris 23. degrez 30. minutes, & contant de l'Equateur iusques au droit de la ville, ie voy qu'elle est à 48. degrez quelque 4. minutes de latitude.

F

COMMVNES SENTENCES.

Tous ceux qui sont dessoubs la moitié d'vn mesme Meridien ou
mesme longitude.

Tous ceux qui sont également distans des Isles Canaries sont en mesme longitude.

Tous ceux qui habitent dessoubs vn mesme parallele sont en mesme latitude.

Tous cercles Equidistant de l'Equateur sont paralleles.

Tous ceux qui sont en mesme Meridien, & non en mesme parallele,
sont differens en latitude seulement.

Tous ceux qui sont en mesme parallele, mais differens en Meridien,
sont differens en longitude seulement.

Tous ceux qui ne sont ny en mesme Meridien ny parallele, sont differens en longitude & latitude.

Des susdites communes sentences, nous aprenons que les villes se trouuent en trois differences, les vnes sont differentes des autres seulement en latitude, aucunes en longitude, & les autres en longitude & latitude.

Sçauoir la longitude d'vne ville ou region à l'autre, qui est sçauoir de combien de degrez celle qui a plus grande longitude excede celle qui a la moindre.

PROPOSITION LXXIII. DEFINITION XXIIII.

Longitude d'vne ville ou region à l'autre, est la difference des degrez compris entre les deux Meridiens desdites villes ou regions qui se content aussi dessus l'Equateur.

Il faut conter les degrez de l'Equateur qui sont entre les Meridiens de longitude, soit que les villes soient Meridionales ou Septentrionales, ou l'vne Septentrionale, & l'autre Meridionale; la fin du compte donnera la difference de longitude.

EXEMPLE.

La riuiere verde a 319. degrez de longitude, & Paris 23. contant de l'vn à l'autre, passant par 360. ie trouue de difference 64. degrez entre les deux villes.

Sçauoir la difference de latitude de deux lieux proposez, soit qu'ils soient tous deux Septentrionaux, ou tous deux Meridionaux.

PROPOSITION LXXIIII. DEFINITION XXV.

LA difference de latitudé est la partie d'vn Meridien, compris entre le parallele & le lieu proposé, & celuy d'où l'on veut sçauoir la difference de latitude.

Il faut poser l'index sur l'vn des lieux proposez, & remarquer sa latitude, puis le porter dessus l'autre, remarquer aussi icelle, & conter la difference de l'vne à l'autre.

EXEMPLE.

Ie veux sçauoir la difference de la ville de Paris à celle de Ierusalem; ayant posé l'index dessus Hierusalem, ie trouue qu'il est à 32. degrez 20. minutes que ie notte: & transportant l'index dessus Paris, ie voy 48. degrez 40. minutes, contant la difference est 16. degrez 20. minutes.

Quand l'vn des lieux est Septentrional & l'autre Meridional.

PROPOSITION LXXV.

IL faut mettre les deux latitudes en vne addition, icelle donnera la difference de latitude, comme la ville de Guimacu a 300. degrez de longitude, & 8. de latitude Meridionale, la ville de Napo 8. de latitude Septentrionale : la difference de latitude est 16. ou le Cap de bonne Esperance 35. auec Paris 48. est 83.

Sçauoir la distance d'entre deux villes ou autres lieux qui sont soubs vn mesme Meridien, estans en mesme longitude, soient qu'ils soient d'vne mesme part ou non, par la congnoissance de leur latitude.

PROPOSITION LXXVI.

AYant la congnoissance de la difference de latitude par la 74 si les deux villes sont d'vne mesme part, ou par la precedente,s'ils font en part diuerfes,il faut multiplier icelle difference par 30.lieües Françoifes,qui eft la valeur d'vn degré, le produict fera les lieües Françoifes qu'il y a d'vne ville à l'autre.

EXEMPLE.

Paris & Tocq font en mefme Meridien,& d'vne mefme part, mais different en latitude,veu que Paris eft à 48.degrez 40.minutes,& Tocq à 30. la difference eft 18. degrez,que ie multiplie par 30. produict 540. lieües,& 20. lieües qui vallent 40. minutes,ce font 560. lieües qu'il y a de ligne droicte de Paris à Tocq, l'vn eftant Septentrional & l'autre Meridional,comme Alexandrie & S.Sebaftien,qui font à 57. degrez de longitude,l'vn à 32. de latitude Septentrionale,& l'autre à 20. de latitude Meridionale,qui eft S.Sebaftien,l'addition eft 52. degrez,que ie multiplie par 30. produict 1560. lieües Françoifes.

Sçauoir la diftance d'entre deux villes qui voyent mefme polle, font en mefme latitude , mais different en longitude.

PROPOSITION LXXVII.

AYant la difference de longitude,i'entre auec la latitude cõmune en la table des haulteurs,qui contient la quantité de chacun degré de longitude conuertis en minutes & fecondes de l'Equateur,& à l'endroit de la latitude cõmune des deux lieux, ie prend les minutes qui font au droit,par lequel ie multiplie le nombre des degrez reftant,& la moitié du produict eft le contenu des lieües Françoifes d'entre les deux villes.

EXEMPLE.

Hierufalem & Laberu font en mefme latitude,qui eft 32.degrez 20.minutes,differentes en longitude de 125.degrez:car l'vne eft à 64.degrez 40.minutes de longitude,& l'autre à 299.degrez 20.minutes,que ie retient en ma memoire,& entre en la table,& trouue au droict de la latitude commune 32.degrez 30. minutes que chacun degré vaut 50.minutes,ie multiplie 125.par 50. produict 6250. la moitié eft 3125. lieües Françoifes qu'il y a d'vne ville à l'autre.

TABLE DES DEGREZ DES HAVLTEVRS.

Degrez des haulteurs.	Minutes.	Secondes.
0	60	0
1	59	59
2	59	57
3	59	55
4	59	51
5	59	46
6	59	40
7	59	33
8	59	25
9	59	16
10	58	59
11	58	54
12	58	41
13	58	28
14	58	13
15	57	57
16	57	41
17	57	23
18	57	4
19	56	44
20	56	23
21	56	17
22	56	8
23	55	14
24	54	49
25	54	25
26	53	56
27	53	28
28	52	59
29	52	29
30	51	58
31	51	26
32	50	33
33	50	19
34	49	45
35	49	9
36	48	33
37	48	15
38	47	47
39	46	58
40	45	58
41	45	47
42	45	17
43	45	10
44	44	10
45	43	26
46	44	10
47	47	42
48	41	9
49	40	22
50	39	24
51	8	46
52	37	56
53	36	1
54	35	16
55	34	25
56	33	33
57	32	41
58	31	48
59	30	54
60	30	00
61	29	5
62	28	10
63	27	14
64	26	18
65	25	21
66	24	24
67	23	27
68	22	29
69	21	30
70	20	31
71	19	32
72	18	32
73	17	33
74	16	32
75	15	32
76	14	31
77	13	30
78	12	28
79	11	27
80	10	25
81	9	23
82	8	21
83	7	19
84	6	16
85	5	14
86	4	11
87	3	8
88	2	6
89	1	3
90	00	0

Sçauoir la diſtance d'entre deux villes differentes en longitude & latitude, eſtant ou Meridionale ou Septentrionale.

PROPOSITION LXXVIII.

AYant la differēce de longitude & de latitude, i'additionne la moitié de la difference de latitude auec la moindre latitude, & trouue le nombre de l'addition en la table des degrez des haulteurs où ſont les minutes de l'Equateur, & multiplier icelles minutes par la difference de longitude, reduire le produiᵈ en degrez, multiplier ce produiᵈ de la reduction par ſoy-meſme, & la difference de latitude par ſoy-meſme, la racine quarrée de l'addition des deux produiᵈs donnera la vraye diſtance des degrez qu'il y a d'vn lieu à l'autre, leſquels multipliez par 30. produira combien il y a de lieuës d'vne ville à l'autre.

EXEMPLE.

La difference de la longitude de Paris à celle de Veniſe eſt 13. degrez, & celle de latitude 5. la moitié eſt 2. degrez 30. minutes que i'additionne auec 43. degrez 40. minutes, l'addition donne 46. degrez 10. minutes, & trouue en la table 44. minutes, multipliant 44. par 13. de difference de longitude produiᵈ 572. minutes, diuisé par 60. que vaut le degré eſt 9. degrez 32. minutes que ie multiplie par ſoy-meſme, diſant 9. fois 9. eſt 81. degré, & 32. fois 32. minutes eſt 1024. diuisé par 60. eſt 17. degrez 4. minutes auec 81. eſt 98. degrez 4. minutes, que i'additionne auec le produiᵈ de la multiplication de la difference de latitude 5. par ſoy eſt 25. l'addition donne 123. degrez 4. minutes, duquel la racine quarrée eſt 11. degrez 2. minutes, multiplié par 30. vnze degrez eſt 330. lieuës, & vne pour deux minutes eſt 331. lieuës: & tirant la racine de 4. minutes eſt 2. qui vaut encore vne lieuë, partant eſt 332. lieuës de Paris à Veniſe en ligne droiᵈe.

Sçauoir la diſtance d'entre deux villes, qui ſont differentes en longitude & latitude, que l'vne eſt Meridionalle & l'autre Septentrionalle.

PROPOSITION LXXIX.

IL faut prendre la moitié de l'addition des deux latitudes, & entrer auec ce nombre en la table des haulteurs, & prendre les

minutes de l’Equateur, qui font à l’endroit, & les multiplier par
la difference de longitude, & reduire le produict en degrez, &
multiplier la reduction par foy-mefme, & additionner les deux
produicts, & en tirer la racine quarrée, & multiplier icelle par
30. produira la diftance d’vne ville à l’autre.

EXEMPLE.

La ville d’Alexandrie a 57. degrez de longitude, & 32. de latitude Septentrionale : le Cap de bonne Efperance a 53. de longitude, & 35. de latitude Meridionalle : l’addition des deux latitudes eft 67. degrez, la moitié eft 33. degrez 30. minutes, & au
droict de 33. degrez en la table des haulteurs, ie trouue 50. minutes, & tout operé comme dit eft, ce trouue 2038. lieuës Françoifes d’vn lieu à l’autre.

Pour reduire ces lieuës Françoifes en lieuës d’Allemagne ou
de Gafcongne, il faut diuifer icelle par deux, fera lieuë d’Allemagne ou Gafcongne, & les multiplier par deux, produira mil-
le d’Angleterre ou d’Italie.

Congnoiftre deffus noftre Pantocofme tous les Septentrionaux ou Meridionaux.

PROPOSITION LXXX.

LEs habitans Septentrionaux font ceux qui ont leurs cha-
leurs le Soleil entrant au Tropique de l’Efcreuiffe ou Cancer, partant de la part où l’on le voy on iugera que c’eft tous les
Septentrionaux, & l’autre tous les Meridionaux, où eft celuy du
Bouc ou Capricorne.

Sçauoir ceux qui font Antipodes les vns aux autres.

PROPOSITION LXXXI. DEFINITION XXVI.

ANtipodes font ceux qui ont les pieds oppofez l’vn à l’autre, &
font fituez aux deux extremitez d’vn diametre de la terre, com-
me ceux qui font deffoubs le pole arctique font Antipodes, à ceux qui
font foubs l’Antarctique, ils ont les faifons, temps & autres chofes au
contraire l’vn de l’autre.

Et pour fçauoir ceux qui font Antipodes au regard d’vn lieu
propofé, il faut ayant pofé l’arene deffus iceluy confiderer la

longitude des Periœciens,& remarquer la latitude du proposé,
& tourner la face opposée,conter deſſus le Meridien des Periœciens la latitude,la fin du compte monſtre les Antipodes.

EXEMPLE.

Ie veux ſçauoir ceux qui ſont Antipodes à Calicut,qui eſt à
115.degrez de longitude, & 12. de latitude Septentrionale, ie
notte que la longitude des Periœciens eſt 295. degrez, que ie
trouue en la face Meridionalle,& conte deſſus ce Meridien la
latitude 12. & la fin du compte me monſtre que c'eſt ceux de
Cuchico,qui ſont Antipodes à Calicut,& Calicut par conſequent à eux.

Trouuer les Periœciens deſſus noſtre globe,tant Septentrionaux
que Meridionaux.

PROPOSITION **LXXXII**. DEFINITION **XXVII**.

*P**Eriœciens,ſont ceux qui voyent meſme pole, & ſont ſoubs vn meſ-*
me Meridien ,mais en diuerſes moitiés(veu que les deux poles di-
uiſent tous Meridiens en deux) ils ont meſme latitude ou paralleles,
ils ont les iours égaux l'vn à l'autre en vne meſme ſaiſon,les ayant
en meſme temps l'vn que l'autre,differe ſeulement aux heures & oriſon:
car quand il eſt minuict à l'vn,il eſt midy à l'autre,à cauſe du different
Orizon,il faut entendre le meſme des autres heures.

Pour ſçauoir ceux qui ſont Periœciens au regard d'vn lieu
proposé,met la ligne de 24.heures deſſus iceluy,& remarque ſa
latitude,puis regarde de l'autre coſté du pole de la part de 12.
heures en la meſme latitude l'on trouuera iceux.

EXEMPLE.

Le Cap de la Floride a 279. degrez de longitude,deſſus laquelle ie mets la couleure de 24. heures,& notte que ſa latitude
eſt 26. & regardant de la part de 12. heures en meſme latitude,
ie voy ceux de Gadel,qui ſont à 99. de longitude, ie dy que ces
deux lieux ſont Periœciens l'vn à l'autre: faict le meſme en la
face Meridionale.

Sçauoir

Sçauoir ceux qui sont Anteciens les vns aux autres.

PROPOSITION LXXXIII. DEFINITION XXVIII.

ANteciens, sont ceux qui habitent soubs vne mesme moitié de Meridien, qui sont ceux qui sont en mesme longitude, mais en different paralleles ; car l'vn est d'autant esloigné de l'Equateur vers le pole Arctique, que l'autre est dudit Equateur vers l'Antarctique, qui faict qu'ils voyent diuers poles : ils ont autant de saisons, ombres & autres choses les vns que les autres, mais en diuers temps, & parcontre l'vn de l'autre ; car quand il est Printemps à l'vn, il est Automne à l'autre, neantmoins qu'estant en la moitié d'vn mesme Meridien, ils ont midy, minuict, & autres heures en mesme temps.

Et pour sçauoir ceux qui sont Anteciens à quelque lieu proposé, il faut sçauoir le degré de longitude & latitude du lieu proposé, soit Septentrional ou Meridional : & s'il est Septentrional, trouuer icelle longitude & latitude en la face Meridionale, & parcontre l'endroit de la latitude monstrera les Anteciens du lieu proposé.

EXEMPLE.

L'isle de la Catholica est à 301. degré de longitude, & 18. de latitude, lequel nombre trouué en la face Meridionale, ie voy ceux de Colao estre Anteciens à ceux de la Catholica.

Trouuer les Perisċij Meridionaux & Septentrionaux.

PROPOSITION LXXXIIII.

TOus ceux qui habitent soubs le cercle Arctique iusques au pole, sont dits Periscij Septentrionaux, à cause que le Soleil estát au tropique de l'Escreuice, il tourne tout à l'entour d'eux, & par consequent leurs vmbres : & ce tournoyement se doibt entendre estre aux vns de plus, & aux autres de moins de temps : car les vns le voyent vn mois, les autres trois, autres 4. & finalement ceux du poinct pollaire six mois : veu qu'ils voyent six mois le Soleil sans s'absconcer de leur Orizon, il faut entédre le mesme des Antarctiques ou Meridionaux, le Soleil estant vers le tropique du Bouc ; partant à ceux de l'Arctique, leur iour com-

G

mence le 21. de Mars,& finy le 23. de Septembre,durant lequel
l'Antarctique a la nuict.

Congnoiftre les Héterofciens Méridionaux & Septentrionaux.

PROPOSITION LXXXV.

CEux qui habitent entre le cercle Arctique & le tropique de
l'Efcreuice font appellez Heterofciens Septentrionaux,ils
ont trois vmbres : car le Soleil fe leuant en Orient,iecte leurs
vmbres en Occident:à midy il iette l'vmbre du Sud,au couchât
en Orient. Les Méridionaux font ceux qui font entre le cercle
du Bouc & le cercle Antarctique,ils ont auffi trois vmbres,le
Soleil fe leuant en Occident à noftre regard,il iette leur vmbre
en Orient,à midy iette en Septentrion , & au foir d'Orient en
Occident. Deffus la tefte d'iceux,iamais le Soleil ne paffe,ils
ont quatre faifons, fçauoir Printemps, Efté, Automne & Hyuer, mais au contraire l'vn de l'autre : car eftant Efté à l'vn,il
eft l'Hyuer à l'autre : les Septentrionaux font ceux de l'Europe,
la plus grand part d'Azie,vne partie d'Affrique,& de l'Ameri-
que.

Congnoiftre les pays où le Soleil paffe vne fois l'an
deffus leurs teftes.

PROPOSITION LXXXVI.

TOus ceux qui habitent deffoubs le Tropique de l'Efcreuice,le Soleil paffe deffus leurs teftes le 21.de Iuin feulement,
& le 23. de Decembre deffus ceux qui habitent celuy du Bouc,
lefquels feront facile de congnoiftre.

Trouuer les Amphifciens Méridionaux & Septentrionaux.

PROPOSITION LXXXVII.

TOus ceux qui habitent entre les deux tropiques font nom-
mez Amphifciens, qui font ceux de la Zone Torride,la-
quelle eft diuifée en deux parties égales par l'Equateur,l'vne
d'icelle eft Septentrionalle, l'autre Méridionalle : & ceux qui

font Meridionaux font entre le Tropique du Bouc & l'Equateur,& les Septentrionaux entre le Tropique de l'Efcreuice &
ledit Equateur; ils ont quatre vmbres, fçauoir eft quant aux
Septentrionaux:lors que le Soleil fe leue,il iette leurs ombres
en Occident, quand il s'abfconce en Orient : quand le Soleil
eft au 21.de Iuin au Cancre à midy l'ombre fe iette au Sud: &
quand il eft le 23.de Decembre l'ombre fe iette à midy au Nort,
ils ont deux Efté lors que le Soleil paffe par deffus leurs teftes,
fçauoir lors que le Soleil paffe au premier poinct du Mouton &
de la Liure:ils ont deux Hyuers,le Soleil eftant aux Tropiques.

Congnoiſtre tous ceux qui habitent aux Zones, tant froides
& temperées que torrides en la part Septentrionale.

PROPOSITION LXXXVIII.

IE mets l'index qui defcend du centre de la part Septentrionale deffus l'Equateur,& ceft index me monftre le cercle Arctique eftre à 66. degrez 30.minutes : ie dy que ceux qui font depuis ce nombre iufques à 90.font ceux qui habitent la zone
froide Septentrionale: & ceux qui font depuis ce nombre iufques à 23. degrez 30.minutes font les habitans de la zone temperée Septentrionale,& font entre le Tropique de l'Efcreuice
& le cercle du pole:& tous ceux qui font entre ce Tropique &
l'Equateur, qui eft la largeur de 23. degrez 30. minutes,font les
habitans Septentrionaux de la demy zone Torride.

Congnoiſtre tous ceux qui font aux zones,tant froides & tem-
perées que Torrides en la part Meridionale.

PROPOSITION LXXXIX.

IE tourne la face Meridionale vers le globe celefte,l'index me
monftre que depuis l'Equateur iufques à 23. degrez 30.minu-
tes,les Meridionaux habitent la demy zone Torride,qui auec
l'autre moitié qu'habitent les Septentrionaux,font toute la zone,qui eft la troifiefme : la quatriefme eft dicte temperée Meridionale,qui eft depuis ce 23. degré 30.minutes iufques à 66. de-

grez 30. minutes,qui est la distance du Tropique du Bouc,au
cercle du pole:la cinquiesme & derniere est depuis la circonference dudit pole iusques à 90. & par ces deux propositions ie
congnois que le monde est diuisé en cinq zones.

Congnoistre tous ceux qui ne voyent leuer ny coucher les Estoil-
les,qui n'ont ny Midy,ny Septentrion,ny Orient,ny Oc-
cident en 24.heures,ny heures égales ny inégales.

Proposition XC.

CEux qui habitent dessoubs les poles ne voyent leuer ny coucher les Estoilles,veu qu'ils ont l'Equateur pour Orizon:
de là est manifeste que ceux qui habitent le pole Arctique,
voyent tousiours les Estoilles Arctiques apparentes sur leur orizon,tournantes à l'entour d'eux en 24.heures,&ne voyent ceux
qui sont dessoubs,si ce n'est par longue espace de temps,comme
en 3. ou 4000. ans, qu'ils pourroient voir des Estoilles Antarctiques qui s'esleueroient,& des Arctiques qui s'absconceroiét,
à cause du mouuement du second mobile,tant d'iceluy d'Occident enOrient,que capitalement de celuy de Septentrion àMi-
dy,selon leurs propres mouuemens : ceux qui voyent les Meridionales sont au pole Arctique : Iceux habitans des poles n'ont
ny Orient,ny Occident,ny heures égales,ny inégales,ny Midy,
ny Septentrion.

Congnoistre ceux qui voyent leuer & coucher toutes les Estoil-
les,& qui les ont tant dessus que dessoubs l'Orizon.

Proposition XCI.

CEux qui habitent soubs l'Equateur,voyent leuer & absconcer toutes les Estoilles,à cause qu'ils ont les poles en l'Orizon,& qu'à l'entour d'iceux les Estoilles & planettes font leurs
reuolutions en 24.heures:& de là s'enfuit qu'estant en la Sphere droite,où l'orizon couppe tous les paralleles (imaginairemét
décripts des Estoilles en angles droits,& par la mesme raison en
deux parties égales)qu'ils auront autant les Estoilles dessus l'o-
rizon que dessoubs.

Congnoiſtre ceux qui ont touſiours des Eſtoilles apparentes ſur l'Oriʒon, les autres deſſus, d'autres qui ſe leuent & cou-
chent, & ceux qui en voyent plus deſſus que
deſſoubs l'Oriʒon.

PROPOSITION XCII.

CEux qui ne ſont ſoubs les poles, ny ſoubs l'Equateur ont des Eſtoilles touſiours apparentes ſur l'orizon ſans s'abſconcer, ce qui ſe voit tournant l'arene: & les autres de la part opposée touſiours cachée deſſoubs l'orizon, & d'autres qui ſe leuent & couchent: & de là s'enſuit que toutes les Eſtoilles qui ſont dãs le cercle apparent ſont touſiours apparentes, & les opposées ca-chées: mais toutes les Eſtoilles qui ſont entre le cercle apparent & le cercle caché ſe leuent & couchent, & ſont veuës apparen-tes ſur l'Orizon, & s'abſconcent ſoubs iceluy, ſelon le lieu pro-poſé: mais en ce, il faut conſiderer que les habitans Arctiques voyent plus longuement les Eſtoilles Arctiques apparentes deſ-ſus que les Antarctiques qu'ils voyent, & parcontre les autres voyent plus les Antarctiques deſſus leur Orizon que les Arcti-ques. Il faut entendre le meſme des autres Aſtres celeſtes.

Sçauoir ſoubs quels climats ſont ſituez tels habitans propoſez
qu'on deſirera, & tous ceux qui ſont en vn meſme, ſoient
Meridionaux ou Septentrionaux.

PROPOSITION XCIII. DEFINITION XXIX.

CLimat eſt vne eſpace de terre compriſe entre deux paralleles diffe-rens l'vn de l'autre d'vne demy heure iuſqu'au cercle pole, au plus grand iour ou au plus petit.

Il faut ſçauoir la latitude ou le lieu proposé, & ſur iceluy fai-re paſſer le couleure où ſont les climats, & l'õ verra deſſouz quel climat eſt le lieu proposé: puis tournant ceſte couleure tout au-tour du monde, l'on verra tous ceux qui ſont en meſme climat.

EXEMPLE.

Ie veux ſçauoir deſſoubs quels climats habitent ceux d'Ar-

gin,ayant mis la couleure des climats deſſus,ie voy qu'ils habitent le ſecond,& qu'iceluy eſt large de 8. degrez: puis tournant
le globe celeſte à l'entour du monde,ie voy qu'en ceſte largeur
de 8. degrez habitent ceux du Cap vert ,Gaſgas,Nubie,Tre-
miſtitan,Mexique,l'iſle de la Catholica,l'iſle de ſainᶜte Luce,&
autres:ie dy que tous ces habitans ſont en vn meſme climat,qui
eſt le ſecond.

Sçauoir ſoubs quel parallele eſt chacun lieu propoſé.

PROPOSITION XCIIII.   DEFINITION XXX.

*PArallels ſont certaines lignes circulaires,imaginées eſtre au globe
pour diſtinguer les regions qui ſont depuis l'Equateur,où les iours
ſont égaulx aux nuiᶜts,& iceux croiſſent continuellement iuſques aux
poles.*

Pour congnoiſtre tous ceux qui ſont en meſme parallele au
regard d'vn lieu propoſé met l'index deſſus le milieu du climat,
& tourne le globe celeſte tout autour du monde,& tout ceux
par où paſſera ceſte diſtance remarquée,ſeront en meſme parallele,comme le ſecond climat à ſon milieu à 16. degrez 45.minu-
tes,veu qu'il commence à 12.degrez 30.minutes,& que la moitié eſt 4. degrez 15.minutes,ie remarque ce milieu,& tourne le
globe tout autour du monde,& voy tous les habitans qui ſont
ſoubs ce parallele.

*Sçauoir de combien d'heure tous les habitants du monde ont
leur plus long iour d'Eſté , & leur plus longue nuiᶜt
d'Hyuer.*

PROPOSITION XCV.

AYant remarqué le climat du lieu propoſé,regarde en ſon ordre ſur l'oppoſite des climats,& tu trouueras la quantité de
la longueur du plus grand iour qui eſt égal à la quantité de la
plus longue nuiᶜt : Comme ayant remarqué le ſecond climat,
ie regarde en meſme cercle deſſus les heures,& voit que tous
ceux que nous auons trouué eſtre en ce climat,ont 13.heures &

vn quart de longueur de iour en leur plus long : & par mesme
raison ils ont la mesme longueur de nuict lors qu'il sont au plus
court iour.

Par la congnoissance de la quantité du iour de quelque habi-
tation sçauoir la quantité de la longueur de la nuict.

PROPOSITION XCVI.

IL faut oster la quantité du iour de 24. heures, le reste donnera
la quantité de la nuict, comme ostant 13. heures 15. minutes de
24. reste 10. heures 45. minutes pour le long de la nuict.

Congnoistre l'Orizon de toutes eleuations.

PROPOSITION XCVII.

IL faut considerer que l'orizon du globe celeste est l'horizon
des poles: la ville proposée estant hors des poles, faut oster l'a-
rene du centre de l'instrument, & la mettre dessus la ville proposée, elle monstrera l'orizon de ce lieu.

Sçauoir quand se faict l'Eclipse de la Lune, & ceux
qui la voyent.

PROPOSITION XCVIII. DEFINITION XXXI.

L'Eclipse de la Lune est l'interposition de la terre entre la Lune &
le Soleil ; car alors l'ombre de la terre obscurcy le corps de la Lune,
parquoy est ecclipsée : de là s'ensuit que la Lune est plus petite que la
terre, & par consequent le Soleil plus grand que tous les deux, sçauoir
que la terre & la Lune, laquelle Eclipse se faict tousiours au plein d'i-
celle.

Il faut sçauoir à quelle heure & minute se faict la pleine Lune, puis oster le degré de la Lune de la teste ou queuë du Dragõ:
s'il se treuue moins de 13. degrez de difference, il sera Ecclipse
Lunaire: & pour sçauoir ceux qui la verront, cõsidere tous ceux
qui l'ont dessus l'orizon, selon les heures qu'ils ont la nuict,
tous iceux verront l'Eclipse : ceux qui ont le Meridien de son

degré au droiᷤ de l'Ecliptique ont icelle deſſus leurs teſtes.

Sçauoir quand ſe faiᷤ l'Eclipſe du Soleil, & ceux qui la voyent.

PROPOSITION XCIX, DEFINITION XXXII.

L'Eclipſe du Soleil n'eſt autre choſe que l'interpoſition du corps de la Lune qui eſt entre le Soleil & noſtre regard, qui obſcurcit & donne tenebre à noſtre regard, à cauſe de ſon corps, qui eſt opacque, parquoy les rayons du Soleil ne peuuent penetrer au trauers, & ne peuuent paruenir iuſques à nous, qui eſt la cauſe qu'il obſcurcit noſtre veuë, laquelle ſe faict touſiours en conionction.

Et pour ce ſçauoir, quand l'on ſçait à quelle heure & minute ſe faiᷤ la conionction, oſte le mouuement de la teſte du Soleil ou de la Lune, s'il reſte moins de 13. il eſt Eclipſe, qui ſera veuë par ceux qui ont le iour.

De traicter de la durée & autres choſes pour éuiter les tables, nous nous en deporterons.

Sçauoir le Meridien que poſſede le Soleil, l'appliquer ſur les habitans où il eſt, à toutes heures proposées, qui monſtre ceux qui voyent l'Eclipſe.

PROPOSITION C.

IL faut ſçauoir le degré du Soleil au Zodiaque, & l'heure proposée, & mettre icelle heure ſur le lieu proposé, & regarder où il eſt midy, s'imaginer le degré du Soleil en ce lieu, conſiderant tous ceux qui auront le iour, l'on iugera voir l'Eclipſe Solaire, & les autres qui auront la nuiᷤ verront la Lunaire.

Sçauoir combien le Soleil paſſera de Meridiens de telle heure proposée que l'on voudra iuſques à midy, ou du midy iuſqu'à l'heure proposée.

PROPOSITION CI.

TV oſteras l'heure proposée de 12, & multiplieras le reſte par 15. le produiᷤ donnera le nombre des Meridiens que le So-

leil paſſera deuant que paruenir à midy : & ſi l'heure propoſée
eſt apres midy, multiplie icelle par 15. le produict donnera les
Meridiens que le Soleil aura paſſé.

DE LA MER.

Ayant declaré les parties de la circonference des vents, en
parlant de celle de ce Pantocoſme, il ne reſte plus que de pour-
ſuiure ſon vtilité, qui eſt facile par la congnoiſſance des longitudes & latitudes, c'eſt à ſçauoir celle du departement, & celle
où l'on eſpere aller : car ayant pris les differences, & mis vn filet
deſſus chacune, amener l'index deſſus la ſection, monſtrera de la
part oppoſée quel vent doibt conduire la Nauire, & l'oppoſé la
ramener; & le lieu où il doibt arriuer, eſt le clou ou centre de
l'inſtrument : Et pour-autant que toutes les nauigations ne ſe
font d'Orient en Occident, ou d'Occident en Orient, ny de
l'Arctique à l'Antarctique, ou au contraire de l'Antarctique à
l'Arctique, pour le ſoulagement de telle choſe, nous donnerons
les communes ſentences & propoſitions qui s'enſuiuent, qui
pourront ſatisfaire pour toutes nauigations.

COMMVNES SENTENCES.

1 *Tous vents tournent circulairement, & décriuent de grands cercles.*

2 *Tous vents ſoufflent, & vont à leur oppoſite.*

3 *Tous vents du Nort ſoufflent à ceux du Sud, & reciproquement
ceux du Sud à ceux du Nort.*

4 *Tous vents d'Orient ſoufflent à ceux d'Occident, ou ceux d'Occident à l'Orient.*

5 *Toutes nauigations ſe font d'vn lieu à l'autre.*

6 *Le vent qui conduit le Nauire eſt l'oppoſite de celuy où l'on veut
aller, au regard du departement.*

7 *Quand les longitudes ſont égales, & les latitudes inégales, la nauigation ſe faict du Nort au Sud, ou du Sud au Nort.*

8 *Quand le departement eſt plus Arctique que celuy où l'on pretend
aller, & que tous deux ſont en meſme longitude, la nauigation ſe
fera du Nort au Sud.*

9 *Et parcontre quand le departement eſt plus Antarctique que celuy
où l'on veut aller, la nauigation ſe fera du Sud au Nort.*

10 *Quand le lieu du departement & celuy où l'on veut aller ſont
ſoubs l'Equateur, la nauigation ſe fera de l'Eſt à l'Oueſt, ou de l'Oueſt
à l'Eſt.*

H

11 *Quand le departement & le lieu où l'on veut aller font deffoubs vn parallele à l'Equateur, la nauigation ne fe fera directement de l'Eft à l'Oueft, ny de l'Oueft à l'Eft : mais aucunefois par l'vn d'iceux, aucunefois par l'autre, aucunefois par l'vn des collateraulx, & aucunefois par l'autre collateral.*

12 *Quand le departement eft plus Occidental que celuy où l'on veut aller, & que les differences tant de longitudes que de latitudes font égales, la nauigation fe faict par le vent de Norteft, ou par celuy de Suoueft.*

13 *Quand le departement & le lieu où l'on veut aller voyent vn mefme pole, la difference des longitudes & latitudes égales, la nauigation fe faict par l'vn des moyens vents.*

14 *Quand le departement eft plus Oriental que celuy où l'on veut aller, & que les differences font égales, la nauigation fe fera par le vent de Sufuoueft, ou par les vents de Nort, Norteft.*

15 *Le departement Arctique, fi la difference de latitude eft plus grande que celle de la longitude, la nauigation fe fera par les vents d'entre Suoueft & Sueft.*

16 *Et fi le departement eftoit plus Arctique, la nauigation fe fera par les vents d'entre Nort ou Eft & Norteft.*

17 *Le departement Arctique, la difference de longitude plus grande que celle de latitude, la nauigation fe fera par le vent d'entre Norteft & Sueft.*

18 *Et fi le departement eftoit plus Occidental, la nauigation fe fera par les vents d'entre Nort ou Eft & Suoueft.*

19 *Toutes nauigations qui ne fe font par vn feul vent ne fe font par vn grand cercle de la Sphere.*

20 *Toutes nauigations qui fe font par vn feul vent fe font par vn cercle de la Sphere.*

Quand la nauigation fe fait du Nort au Sud, ou du Sud au Nort, & que la longitude du departement, & celle du lieu où l'on veut aller font égales, & les latitudes inégales, fçamoir quel vent doibt conduire le Nauire.

PROPOSITION CII.

QVand les lieux propofez font foubs vn mefme Meridien, la nauigation fe fera par le vent de Nort, ou au contraire par

celuy du Sud : Comme ſi pluſieurs Nauires ſont au port de Fart
qui a 10. degrez de longitude, & 55. de latitude, deſquels i'oſte la
latitude de Bilbo en Eſpagne, qui eſt de 45. & de 10. de longitude, la difference eſt 10. degrez multiplié par 30. eſt 300. lieuës
Françoiſes. Par la 3. & 8. commune ſentence, le vent du Nort
conduira le Nauire, veu que le departement eſt plus Arctique
que Bilbo, & que les longitudes ſont égales, & les latitudes inégales par la 7.

Ou ſi le departement eſtoit au port de Bilbo, & qu'ils fiſſent
voille à celuy de Fart, ſeroit le vent du Sud qui conduiroit le
Nauire, ſelon la 9. commune ſentence, veu que Bilbo eſt plus
Antarctique que Fart.

Quand on veut faire voile d'Orient en Occident, ou au con-
traire, & que le departement & le lieu proposé ſont
ſoubs l'Equateur.

Proposition CIII.

LA nauigation qui ſe faict d'Orient en Occident, ou au contraire, ſe trouue en pluſieurs & diuerſes manieres : car aucunefois elle ſe faict ſoubs l'Equateur, & aucunefois ſoubs les
cercles paralleles à iceluy, les autres ne ſe font ny ſoubs l'Equateur, ny ſoubs les paralleles, ny ſoubs les Meridiens. Toutes leſquelles nous demonſtrerons les vnes apres les autres, & premierement de celle qui ſe fait ſoubs l'Equateur, & iceux eſtans có-
duits par le vent d'Eſt d'Orient en Occident feroit tourner le
nauire tout à l'entour du globe de la terre, iuſques au meſme
lieu de là où il eſt party, ſi la partie de la terre, qui eſt ſoubs l'E-
quateur, eſtoit nauigable, & qu'ils n'euſſent empeſchement. Il
faut entendre le meſme de celuy d'Oueſt, ſoufflant d'Occident
en Orient.

EXEMPLE.

Pluſieurs Nauires font voile de l'iſle de S. Thomas au Cap de
l'Opegon, & ſont tous deux ſoubs l'Equateur : & parce que l'iſle
de S. Thomas où ſont les Nauires eſt plus Occidentale, veu que
elle eſt à 20. degrez de longitude, & le Cap de l'Opegon à 24. de-

grez,de là s'enfuit que le vent d'Oueſt conduira le Nauire,& s'il
part de l'Opegon le vent d'Eſt le conduira au port de S.Thomas.

*Quand le departement & celuy où l'on veut aller ſont diffe-
rens en longitude & latitude, & que le lieu où l'on veut
aller eſt plus Arctique & Oriental que le lieu du
departement.*

PROPOSITION CIIII.

IL faut oſter la longitude du lieu où eſt le nauire de celle du
lieu où l'on veut aller,& compter le reſte deſſus la circonference des vents,qui eſt à la main droicte,tant en la partie ſupe-
rieure,qu'en l'inferieure,commençant à compter au milieu du
vent de Nort,& celuy du Sud,tirant à l'Eſt:& ſur la fin du compte de chacun coſté,il faut faire paſſer vn filet,& le tenir ferme:
Secondement il faut oſter la moindre latitude,qui eſt celle du
lieu du Nauire,de celle où l'on veut aller,& trouuer le nombre
du reſte aux deux parties de la circonference,qui contiennent
la difference des degrez de latitude, Arctique ou Septentrionale,commençant à l'Eſt & à l'Oueſt,tirant au Nort,& ſur la fin
de chacun coſté mettre vn filet,qui coupera celuy qui eſt ſur la
difference de longitude en angles droicts,& le poinct de la ſection donnera le lieu où le Nauire doibt aller arriuer par le
moyen duquel ſera facile de choiſir le vent qui ſera propre pour
conduire le Nauire : car mettant l'index des latitudes ſur la ſection des deux filets,le bout d'iceluy où ſont eſcripts les degrez
de latitude te monſtrera le vent oppoſé à celuy qui doibt conduire le Nauire : & regardant à l'autre bout d'iceluy index,on
trouuerra eſcript, *le monſtre le vent qui conduit le Nauire*, & ſera
veu à la circonference quel il ſera.

EXEMPLE.

Soit vn Nauire au Cap de Fin de terre,qui a 4.degrez de longitude,&45.de latitude,lequel vueille voguer au Cap de Breſt à la
fin de Bretagne,lequel eſt à 14.degrez de longitude,& 50. de latitude,& l'operation faicte ſelon la regle le reſte de la longitude
eſt 10.& de la latitude 5. & trouue ceſte difference de latitude 5.

aux parts qui monſtrẽt la difference de latitude Septentrionale,
& d'vn coſté à l'autre ie poſe vn filet, & vn autre deſſus 10. trouué aux differences des longitudes Orientalles, tant en la part ſu-
perieure qu'en l'inferieure : & ſur ceſte ſection, mettant l'index
où eſt eſcript les 90. de latitudes, la fin du compte me monſtre
ſur la circonference le vent d'vn quart d'Eſt, qui eſt l'oppoſé de
celuy qui doibt conduire le Nauire, & regardant l'autre bout
de l'index où eſt eſcript, *Ie monſtre le vent qui conduit le Nauire,*
ie voy que ce ſera le vent de Sueſt vn quart d'Oueſt.

Quand apres les ſouſtrations faiĉtes la difference de longitude
& latitude eſt égale, & que le lieu où l'on veut aller eſt
plus Arĉtique & Oriental que celuy du
departement.

PROPOSITION CIIII.

PAr la 12. commune ſentence, le vent moyen Suoueſt conduira le Nauire, comme s'il y a vn Nauire au port de Belly
en Affrique au Royaume de Fez, qui eſt à 10. degrez de longitude, & 33. de latitude, & veut voguer au port de Barcelonne en
Eſpagne, qui a 17. de longitude, & 40. de latitude, la difference
eſtant 7. tant de longitude que de latitude, mettant vn filet deſſus ceſte difference aux longitudes Septentrionales, & vne autre aux latitudes Orientales, ie voy le vent de Suoueſt debuoir
conduire le Nauire.

Quand le lieu du departement eſt Septentrional, & moins Ar-
ĉtique que celuy où l'on veut aller, & que la difference
de longitude eſt égale à celle de latitude.

PROPOSITION CV.

CEſte propoſition ſe fait comme la precedente, quand vn nauire ſera au port de Bona en Affrique, qui a 30. degrez de
longitude, & 34. de latitude pour voguer au port de Narbonne
qui eſt à 22. de longitude, & 42. de latitude, les differences 8.

l'operation comme deſſus monſtre le vent de Sueſt pour con-
ducteur du Nauire, mettant le filet deſſus la longitude Occidentale.

Sçauoir comme deſſus , & que le lieu du departement eſt plus
Oriental & Arctique que celuy où l'on veut aller , les
longitudes & latitudes égales.

PROPOSITION CVI.

PAr la 14. commune ſentence, cela ſera facile.
EXEMPLE.
Pluſieurs Nauires partant du port de Genne, qui a 31. de longitude, & 42. de latitude, pour aller à Tanos en Affrique, qui eſt
à 20. de longitude, & 31. de latitude : & parce que la difference
de longitude & latitude ſont égales, ayant chacun 11. degrez, de
là s'enſuit ſelon la 5. & 7. que mettant le filet ſur les latitudes
Meridionales, & l'autre ſur les longitudes Occidentales, que le
poinct de la ſection tombera deſſus le vent moyen Suoueſt, &
l'index oppoſé à iceluy monſtrera que Northeſt conduira le
Nauire.

Quand la difference de longitude eſt moindre que celle de lati-
tude, & que le lieu où l'on pretend aller eſt plus Oriental
& Arctique que celuy du departement.

PROPOSITION CVII.

QVand la longitude du lieu où l'on pretend aller eſt plus
grande que celle du departement, la nauigation ſe fera de la
part du Nort : & ſi la difference de latitude eſt plus grande que
celle de longitude, la nauigation ſe fera touſiours en ce cas de la
part du Nort entre le Nort & le Norteſt : & pour ſçauoir quel
vent doibt conduire le Nauire, il faut mettre les deux filets ſur
la fin du compte de chacune differéce, & du poinct de la ſection
mener l'index paſſant par icelle iuſques à la circonference, & le
vent oppoſé à celuy du coſté de la ſection monſtrera le vét qui
conduit. Comme s'il y a pluſieurs Nauires au port d'Alger, qui

eſt à 22. degrez de longitude & 32. de latitude, & qu'ils veulent faire voile au port de Marſeille, qui a 26. degrez de longitude, & 42. de latitude, le reſte des degrez de longitude 4. & de latitude 10. & operé comme dict eſt, ie trouue que Suſueſt conduira le Nauire.

Quand la latitude du departement eſt Meridionale, & celle où l'on veut aller eſt Septentrionale & Occidentale.

PROPOSITION CVIII.

CEla eſt facile, parquoy nous n'en donnerons que l'exemple. Vn Nauire part du Cap de ſaincte Heleine proche du Cap de bonne Eſperance, pour voguer au Cap vert, qui eſt à 2. degrez de longitude, & 14. de latitude Arctique, & celuy de ſaincte Heleine à 52. degrez de longitude, & 46. de latitude Antarctique, la difference de longitude eſt 50. que ie trouue aux longitudes Occidentales, & les 32. aux latitudes Septentrionales : & les vents que monſtre la ſection des filets ſont Oueſt, Nortoueſt: & le vent opposé, qui eſt Sueſt, conduira le Nauire du Cap de ſaincte Heleine droit au Cap vert.

Sçauoir comme deſſus, & que l'on congnoiſt les deux latitudes, & qu'vne longitude.

PROPOSITION CIX.

APres auoir mis vn filet ſur le vent qui doibt conduire le Nauire, & vn autre ſur la difference de longitude, & l'autre paſſant par le poinct de la ſection, monſtrera la difference de latitude qu'il faut additionner à celle qui eſt congnuë ſi le lieu où l'on veut aller eſt Oriental & Arctique, & l'autre Occidental & Antarctique.

EXEMPLE.

Terga ayant 8. degrez de longitude, ſoit ignorée ſa latitude: Genne a 31. degrez de longitude & 42. de latitude, la difference de longitude eſt 23. degrez: & les vêts d'Eſt, Norteſt côduiſent les Nauires: la ſection des deux filets me monſtre 9. degrez de

difference de latitude Meridionale: & à caufe que le lieu où lon
veut aller eft moins Arctique que celuy du departement, ie fou-
ftraits 9. degrez de 42. refte 33. pour la latitude de Terga.

Congnoiftre la haulteur où font les Nauires, fans la Carte, ny
Soleil, ny autre aftre, par la congnoiffance de la haulteur
du departement de la longitude, & du vent qui
conduira le Nauire, & des lieuës qu'a fait
la Nauire.

PROPOSITION CX.

POur-autant que l'air eft le plus fouuent plein de nuages,
brouillarts, & autres empefchemens, par lefquels on ne peut
prendre la haulteur du lieu propofé où eft le Nauire, qui eft l'vn
des principaux poincts de la nauigation ; car fans icelle haulteur
il eft difficile que les mathelots puiffent conduire les Nauires
au lieu où ils pretendent aller, & pour fatisfaire au debuoir d'i-
celle, nous donnerons le moyen par lequel il fera aifé de congnoiftre la haulteur du lieu du Nauire, laquelle haulteur n'eft
autre chofe que l'arc dudit Meridien, compris entre le pole &
l'orizon, laquelle eft efgale à la latitude du lieu dudit Nauire,
qui n'eft autre chofe que l'arc dudit Meridien, compris entre
l'Equateur & le poinct du cercle, qui eft fur le lieu dudit Nauire : & pour fçauoir icelle haulteur par le moyen des lieuës qu'a
fait le Nauire depuis fon departement iufques au temps propofé, il faut defcrire vne ligne droite dans vne tablette ou papier
de telle grandeur qu'il en fera befoing, & la diuifer en plufieurs
parties égales, lefquelles reprefentent les degrez de latitude : &
à l'extremité d'icelle, il faut defcrire vn cercle, & le diuifer comme celuy des vents, & du centre mener vne ligne droite pardef-
fus le vent qui conduit le Nauire tant qu'il fera befoing : & cela fait, il faut fçauoir combien chacunes parties de lignes coup-
pées contiendront de lieuës, & prendre fur icelles autant de
lieuës entre les deux pieds du compas que le Nauire en a faictes,
& mettre l'vn des pieds du compas ainfi ouuert au centre du
cercle, & de l'autre pied couper la ligne fur laquelle vogue le
Nauire

Nauire & le poinct de la fection monftrera le lieu du Nauire ; &
du poinct d'icelle fection, il en faut mener vne, & la faire tom-
ber fur la Meridienne du lieu du departement, & les parties de
ladite Meridienne, qui font entre la fection de ladite perpendiculaire & le centre du cercle, donneront le nombre des degrez
de latitude que le Nauire a faict, lefquels degrez il faut adiou-
fter ou fouftraire de la latitude du lieu du departement, ainfi
qu'il eft dit en la propofition precedente, & aux fuiuantes.

<h3 style="text-align:center">EXEMPLE.</h3>

Le port de Dorfi en Hybernie qui a 9. degrez de longitude
& 52. de latitude, duquel plufieurs Nauires partant font voile
par le vent de Norteft, & ont fait par iceluy 240. lieuës, l'on demande la haulteur du Nauire, où à proprement parler trouuer
deffus la Mappe, globe ou carte le vray lieu du Nauire : & felon
la regle ie defcripts la ligne B, que ie di-
uife en plufieurs parties égales, & au
poinct eft defcript vn cercle que ie diuife en 4. parties égales par deux Diame-
tres : & du centre ie defcripts la ligne I,
oppofée au Norteft : & parce que le
vulgaire compte 30. lieuës Françoifes
pour vn degré, ie diuife le chemin qu'a
fait le Nauire, qui eft 240. par 30. le
quotient donne 8. ie donne 8. des degrez de la ligne B, fur celle de I : & po-
fant le pied fixe du compas au poinct du
centre du mobile ie defcripts la portion
du cercle, & tire au poinct I la perpendi-
culaire, & tire felõ la 12. propofition du premier liure d'Euclide,
& couppe la ligne B au poinct O : & depuis le centre iufques à O,
font 5. degrez & enuiron $\frac{1}{4}$ qui font 45. minutes que le Nauire
s'eft approché du Sud, partant ofte 5. degrez 45. minu. de 50. degrez, qui eft la haulteur ou latitude de Hybernie, refte 46. degrez 15. minutes pour la haulteur ou latitude du lieu où eft le
Nauire.

I

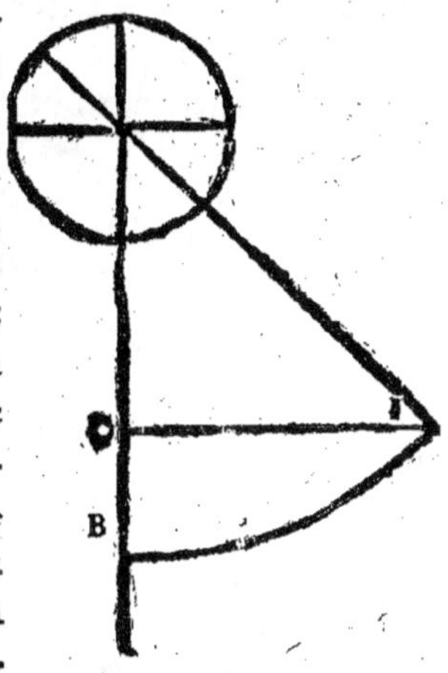

Quand le Nauire part du costé du Nort, pour nauiger entre l'Ouest & le Sud, ou entre le Sud & l'Est.

PROPOSITION CXI.

IL faut oster la haulteur du departement du nombre des parties qui sont entre la perpendiculaire & le centre du cercle par la precedente, & le reste donnera la haulteur Meridionale ou Antarctique du Nauire.

EXEMPLE.

Vn Nauire part du Cap vert, qui est à 2. degrez de longitude & 14. de latitude, & flotte par le vent de Nort ou Est, lequel a fait 540. lieuës: & par la precedente il approche le pole Antarctique de 18. degrez, qui ne se peuuent oster de la haulteur du Cap vert estant à 14. degrez; parquoy selon ceste proposition il faut oster 14. de 18. reste 4. degrez pour la haulteur Meridionale ou Antarctique du Nauire.

Sçauoir comme dessus, & que le lieu a moins de haulteur que celuy du Nauire.

PROPOSITION CXII.

IL faut adiouster le nombre des parties à celuy de haulteur du departement, l'addition donnera la haulteur du Nauire.

EXEMPLE.

Soit le departement du Cap de Frize qui est à 336. degrez de longitude, & 22. de latitude Meridionale, & le Nauire est conduit par le vent de Nort ou Est, & a fait 360. lieuës: & l'operatiõ faicte, ie trouue estre 8. degrez 15. minutes, auec 22. degrez, l'addition est 30. degrez 15. minutes pour la haulteur Antarctique du Nauire.

Quand le Nauire part du costé du Sud pour aller au Nort, ou entre le Nort & l'Est, ou entre le Nort & l'Ouest.

PROPOSITION CXIII.

CEste proposition est semblable aux precedentes, & se faict de mesme.

EXEMPLE.

Vn Nauire part du port de Coriende, qui eſt aux limites d'Affrique, lequel eſt à 25. degrez de latitude & 68. de longitude : &
eſtant conduit par le vent de Sueſt a faict 150. lieuës, ſçauoir la
haulteur du lieu où eſt le Nauire : & apres auoir fait l'operation
comme deſſus par les precedentes, il ne reſte plus que d'oſter les
parties d'entre le centre & la perpendiculaire, qui ſont 2. degrés
15. minutes, le reſte donnera 22. degrez 45. minutes , pour la
haulteur du lieu où eſt le Nauire.

Du flus & reflus de la Mer.

PROPOSITION CXIIII.

LE flus & reflus de la Mer (ſelon ceux qui en ont eſcript) n'eſt
autre choſe que quand la Mer commence à eſleuer ſes impetueux flots, cela s'appelle flus : & quand elle commence à s'a-
baiſſer de ſeſdits flots, cela s'appelle reflus : les habitans des regions voiſines de la Mer voyent tous les iours par experience
que la Mer croiſt & décroiſt deux fois en 24. heures égales &
plus, qui eſt vne choſe difficile à croire, & grandement admirable à ceux qui n'en ſçauent la raiſon ny l'experience : car comme ainſi ſoit que la Lune ſoit eſlongnée par vn ſi grand interualle & diſtance de la terre & de l'eau , toutefois par la vertu &
efficace de ſoy & de ſon mouuement & propricté, elle attire &
rauiſt la grand Mer Occeane hors de ces termes : & pour ſçauoir
quand la Mer croiſt & commence à leuer ſes flots, il faut ſçauoir quand les rayons de la Lune viennent à toucher l'Orizon
du lieu de quelque Mer propoſée, & lors commence à croiſtre,
eſleuer & deſgorger ſes impetueux flots, ne ceſſant de ſe répan-
dre aux parties de la terre ferme, iuſques à tant que la Lune ſoit
paruenuë deſſoubs le cercle de l'Orizon, d'où elle commence à
retirer derechef ſes flots, tant qu'elle ſoit paruenuë ſoubs le cercle de minuict, où elle commence à rabbaiſſer ſes flots iuſques à
ce qu'elle ſoit paruenuë à l'orizon, & pourſuit touſiours ceſt ordre : & les habitans & voiſins de la Mer appellent le flus quand
la marée vient, & le reflus quand elle s'en retourne.

I ij

Quand la Mer croiſt en vn lieu, ſçauoir où elle décroiſt.

PROPOSITION CXV.

APres auoir poſé l'index deſſus le lieu de la Lune, & oſté 90.
degrez de l'Equateur, commençant audit index, tirant à
l'Orient, toutes les Mers qui ſont entre le Meridien de la fin du
compte, & celuy de la Lune abbaiſſent leurs flots, & à ceux qui
leur ſont oppoſites : & ceux qui ſont entre le Meridien de la
Lune & celuy qui eſt diſtant de 90. degrez de la part d'Occident
eſleuent leurs flots ; il faut entendre le meſme de leurs oppoſites : & par ce moyen il ſera aiſé de congnoiſtre & ſçauoir quand
la Mer croiſt & décroiſt, & à telle heure que lon voudra.

PROPOSITIONS GEOMETRIQVES
ET CHOROGRAPHIQVES.

Definition xxxiii. de Geometrie.
Geometrie est vne science qui considere la quantité continue seulement.

Definition xxxiiii. de Chorographie.
Chorographie est vne science qui enseigne la description des regions, Prouinces, Royaumes, Duchez, Comtez, Marquisats, Isles, & autres, comme la description de la France, ou la Duché de Lorraine.

D'vne seule station, soit de la haulteur d'vne Tour ou d'vn baston mesurer la longueur d'vne ligne droite, estant en vne superficie plane, soit qu'elle se trouue accessible, ou inaccessible, ou accessible en partie, auec l'Arithmetique, ou sans icelle.

PROPOSITION CVI.

Definition xxxv. d'accessible.
Accessible est la ligne qui se peut mesurer mecaniquement, n'y trouuant rien qui puisse donner empeschement.

Definition xxxvi. d'inaccessible.
Inaccessible est celle de laquelle l'on ne peut toucher l'vne ny l'autre extremitez, comme qui seroit à 30. pas d'vne riuiere, & sans estre permis d'en approcher mesurer sa largeur.

Definition xxxvii. d'accessible en partie.
Celle est dicte accessible en partie, de laquelle l'on peut toucher l'vne des extremitez, & impossible de passer en l'autre.

Soit la ligne donnée à mesurer q, A, ie pose le bastõ de nostre Pantocosme, le faisant tenir ferme en la terre : & ayant disposé iceluy biẽ perpendiculairemẽt, & disposé la Lidade, la tournant tant que par la fente des pinules ie voye & notte la partie touchée au cercle qui a sa progression dessus 360. (comme aussi des autres) q, tombe dessus 210. en l'ordre du cercle 360. qui est 35.

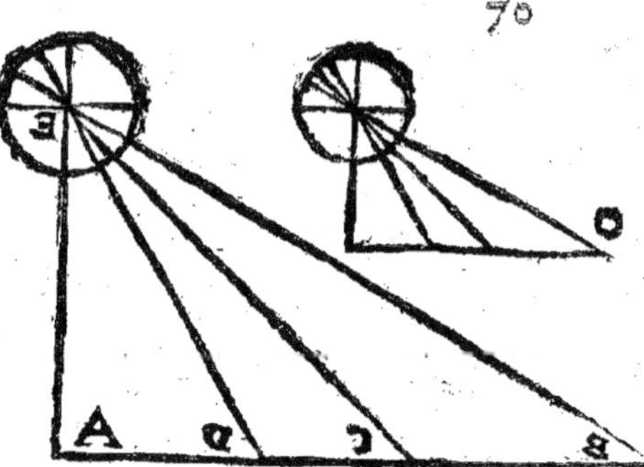

deſſus l'ombre verſe du quarré ☽,tombe au cercle 360. deſſus 225, & au quarré à 60. ou diagonnalle, celle de ꝗ , tombe deſſus 35. d'ombre droite,qui eſt au cercle 240. Or pour ſçauoir ſans Arithmeti-que combië du pied du baſtő iuſques en chacun des lieux, notte,i'eſcris vne ligne à l'in-finy,puis ie leue en angles droits vne perpendiculaire,& me dő-ne 4. petites remarques deſſus à plaiſir,& mettant à l'extremité de ceſte quatrieſme vn cercle diuiſé en 360. en telle ſorte que 270. regarde la ligne,puis ayant remarqué chaſque degré par où l'on a veu ce qui eſtoit requis,& tirant du centre de ce cercle par chacune remarque des lignes là où ils couperont la premie-re ligne donnée ſera le lieu:& pour ſçauoir combien il y a de l'vn à l'autre,ou de toute la longueur de la ligne,prenant ces quatre, qui eſt la haulteur de mon baſton,apporté deſſus la ligne,ie voy qu'elle a 6. pieds 10. poulces 3. lignes $\frac{15}{35}$ de ligne,pour toute ſa longueur,la diſtance ☽, ꝗ,ſera 2.pieds 10.poulces 3.lignes,celle de A,☽,4. & de A,ꝗ,aura 2. pieds & 4.poulces,ce que demon-ſtre le rapport O.

Sçauoir le faire par le chiffre quand le rayon tumbe
ſur l'vmbre verſe.

Proposition CXVII.

IE dy ſi 4.qui eſt la haulteur de mon baſtő me donne 60.qui eſt tout le coſté du quarré, combien me donnera 35. de partie touché de l'vmbre verſe,le produict de la regle de trois inuerſe donnera 6. pieds & $\frac{20}{35}$ de pieds aualué à 12.poulces pour pied eſt 10.poulces,& $\frac{4}{5}$ de poulces aualué à 12. lignes pour poulces pro-duict 3.lignes,& $\frac{15}{35}$ de lignes pour la longueur A,ꝗ.

Quand l'vmbre tumbe deſſus la diagonnalle ou 60.

PROPOSITION CXVIII.

DY ſi 60. qui eſt les degrez du quarré me donne 4. pieds de hault, qui eſt le baſton, combien donnera 60. parties, touché le produict de la regle de trois droite ou inuers donnera 4. pieds, pour la diſtance A, ꜀.

Quand vn lieu eſt veu de l'ombre droite.

PROPOSITION CXIX.

DY ſi 60. qui eſt tout le coſté du quarré donne quatre pieds de haulteur combien la partie touchée 35. le produict donne 2. pied & ⁒ ou ⁒ qui ſont 4. poulces.

Si l'on eſtoit au ſommet d'vne tour, congnoiſſant ſa haulteur par vne corde, auec vn plomb, n'eſtant permis de ſortir dehors, il faudroit operer apres comme deſſus: & s'il eſtoit permis de ſortir, il faudroit operer par la propoſition qui s'enſuit.

Sçauoir meſurer la haulteur d'vne Tour, ſoit acceßible ou inacceßible, ſoit que la haulteur ſe trouue moindre, ou plus grande, ou égale à la diſtance du pied de la Tour & de l'inſtrument.

PROPOSITION CXX.

S'Il tumbe deſſus la diagonnalle comme deſſus la haulteur comme A, C, ſera égale à la diſtance de la Tour & de l'inſtrument, comme s'eſtant veu de 60. ie dy ſi 60. donne 4. combien 60. produict 4. pour la haulteur A, C. Pour la haulteur A, D, qui tumbe deſſus l'vmbre verſe, faut faire au contraire de ce que nous auons fait à la longueur, comme regardant D, qui tumbe ſur 35. d'vmbre verſe, ie dy ſi 4. haulteur du baſton me donne 35. de parties touchez combien 60. coſté du quarré le produict de la regle de trois inuerſe donnera 2. pieds & 4. poulces.

S'il tumbe deſſus l'vmbre droite, ie
dy ſi 35. donne 4. de haulteur, com-
bien 60. produict 6. & $\frac{10}{35}$ pour la haulteur.

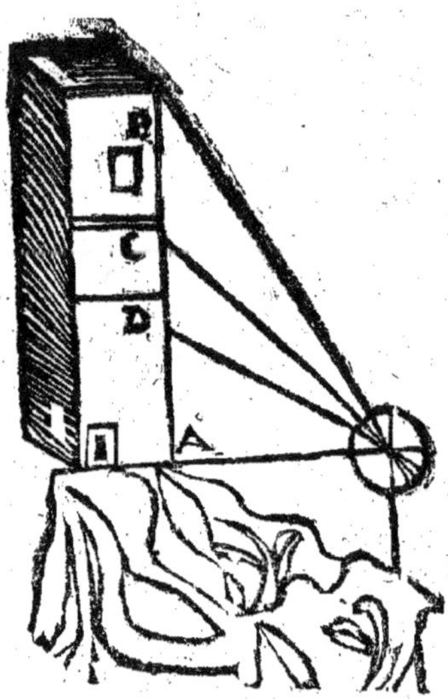

Sçauoir meſurer la largeur d'vn foſſé, d'vne breſche, & de tou-
tes longueurs proposées autrement que par la premiere
propoſition.

Proposition CXXI.

SOit la largeur du foſſé P, Q & la breſche D, O, ie diſpoſe mõ
Pantocoſme à plat ſur ſon baſton, & mettant vn index deſſus
la Meridienne, & l'autre deſſus l'orizon en angles droits, en forte qu'on voye le terme à meſurer par la Meridienne, & celuy où
l'on veut faire la ſeconde demonſtration par l'orizon, puis tourner l'index de la Meridienne, regardant tous les termes à meſurer & remarquer le nombre des parties touchées au quarré &
leurs vmbres ſi lon veut le ſçauoir par le chiffre, ou ne le voulant que par le rapport notter les degrez du cercle, qui ſuit ſa
progreſſion iuſques à 360. Secondement il faut faire la ſecon-

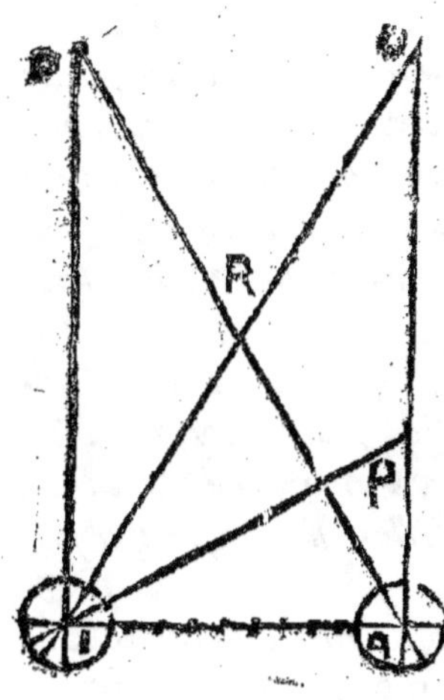

de demonstration en telle sorte que par
l'index qui est dessus l'orizon l'on voye
le baston de la demonstration d'où
on est party, & operer comme dessus,
puis le rapporter sur le papier, ayant tiré
vne ligne droite, en laquelle on aura remarqué la distance des deux demonstra-
tions: & mettant en l'vne des extremitez
vn cercle diuisé en 360. bien disposé en
quatre angles droits, & par les degrez où
se sont veuz les termes, tirer des lignes à
l'infiny, puis transporter ce cercle à l'autre extremité, & operer comme dit est
les lignes tirées, faisant concurrence a-
uec celles de la premiere demonstration
sera les lieux requis. Et pour sçauoir combien il y a d'vn lieu à
l'autre, cela se fera sans Arithmetique, mettant le compas
dessus deux lieux rapportez: & mettant la largeur dessus l'es-
chelle on verra la distance de tout ce qu'on demande, comme la
bresche D,O, ie trouue qu'elle a 11. perches.

Sçauoir décrire les Cartes particulieres par le moyen de nostre
Pantocosme, & ce par deux stations.

Proposition CXXII.

POur descrire les mappes & Cartes particulieres, sans les longitudes, latitudes, observations d'Eclipse, eleuation de pole,
& autres methodes, où peu de gents se treuuent exercitez, il
faut auoir recours à l'angle de position (qui est pris de la 23. du
premier liure, & premiere definition, seconde, quatriesme & 18.
proposition du 6. liure d'Euclide, & 172. problesme de nostre liure d'iceux) par deux stations, & ce par le moyen de nostre Pantocosme: & deuant que de venir à la practique, nous definirons
l'angle de position.

Definition XXXVIII.

ANgle de position n'est autre chose que la concurrence de deux lignes, sortans de nostre œil, ou passant par le zenit, estans menées

par deux autres lieux, comme celuy qui est à Paris, s'il imagine vne
ligne passant par le milieu d'vn autre lieu, comme par ville-Iuifve, &
l'autre par S. Denis, l'angle fait de ses deux lignes, & compris entre
icelles, s'appelle angle de position : & si on s'imagine vne ligne allant
de ville-Iuifve à S. Denis, elle sera appellée la baze de l'angle de posi-
tion, iaçoit que deux lignes ne comprennent iamais vne espace, selon
la 12. commune sentence du premier.

Autrement il se definit ainsi selon aucuns Geographes, c'est angle
qui est compris entre le cercle Meridien du lieu proposé, & vn autre
grand cercle vertical passant par le zenit, & vn autre lieu, & l'arc de
l'Orizon, qui est compris entre lesdits deux cercles, est le costé qui sou-
stient ledit angle de position.

Apres la congnoissance de l'angle de position, nous notterons
que pour descrire vne carte d'vn lieu proposé, nous choisirons
les plus hault & éminents lieux (à cause que d'iceux se voit plus
loing) & disposer dessus iceluy nostre Pantocosme à plat, & aux
quatre parties du monde par la 16. proposition, & operer comme enseigne cest

EXEMPLE.

Que ie sois requis de descrire les bourgs & bourgades qui
sont autour de Paris, ayant disposé l'instrument comme dit est
dessus le coupet de la montaigne de Montmartre ou Montmal-
te, où ie voy Baigneux dessus la ligne Meridienne, Puteaux, ligne d'Occident que i'escris à part, & ainsi des autres, auec le
degré sur lequel ie les voy.

Puis soit que ie me transporte à ville-Iuifve, & que ie regarde tous les
lieux susdits, ayant disposé l'instrumét
aux 4. parties du monde, & escrits où
ie les voy; & en quel degré de l'ordre
de 360. puis soit trouué deux lieuës &
demie de ville-Iuifve à Montmartre, ie tire vne ligne sur le papier pour
descrire ma carte, & donne dessus 5.
espaces égales, qui representent 5. demie lieuës : puis ayant vn cercle diuisé
iustement en 360. ie dispose tellement

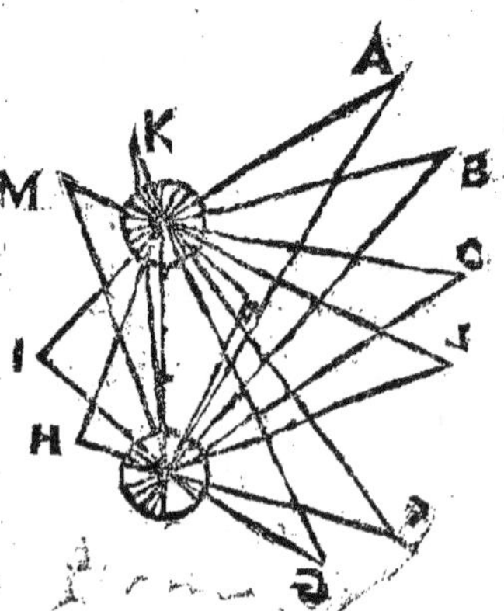

iceluy à l'extremité de la ligne que 360. repreſentant l'Occident au droict de 90. ie remarque vn poinct qui repreſente la Meridienne (par lequel ie tire vne ligne à l'infiny) eſt celle où ie doy trouuer Baigneux, & tire ainſi les autres: & tranſportant ledict cercle à l'autre extremité, qui repreſente ville-Iuifve, ie fais le meſme; & les poincts des concurrences me monſtrent vn chacun lieu: & pour ſçauoir combien il y a d'vn lieu en l'autre, cõme de Paris qui eſt D, à S. Ouyn, qui eſt K, ie trouue 2. lieuës de S. Ouyn à S. Denis, qui eſt M, trois quarts de lieuës, & ainſi des autres, comme demonſtre ceſte figure.

Par ces propoſitions l'on ſçaura la diſtance de pluſieurs termes & interualle d'iceux, & à meſurer toutes longueurs, largeurs, de tant loing qu'on les puiſſe voir, ſoit de deux carneaux ou lucarnes, pour regarder aux champs & dedans les villes, eſtãt dehors prendre leur plan, ſoit qu'ils ſoient acceſſible ou inacceſſible, leſquelles ſont tres-neceſſaires, non ſeulement aux Aſtronomes & Aſtrologues, mais auſſi à tous hommes de guerre, Architecte, Coſmographes, Ingenieurs, Citadins, Gouuerneurs, & tous autres hommes d'eſprit.

La raiſon de ce que deſſus, & de toutes autres propoſitions Geometriques, eſt qu'en toutes demonſtrations il ſe fait deux triangles, l'vn deſquels eſt dedans l'inſtrumẽt, par la cognoiſſance duquel l'on a celuy de dehors (qui eſt celuy qu'on meſure, à cauſe qu'ils ſont Equiangles, & par conſequent proportionaux ſelon la 27. 28. & 29. du 1. 2. 4. 7. & 16. du ſixieſme liure d'Euclide): & à cauſe que pluſieurs ont décript de la pratique d'icelle Geometrie (leſquels eſcripts ſe peuuent preſque tous pratiquer par ceſtuy noſtre inſtrument, ſoit auec ou ſans Arithmetique,) c'eſt pourquoy (ioint que cecy requiert plus la pratique deſſus le champ que la Theorique en la Chambre) ie ne me ſuis delecté d'en faire grande narration, iaçoit que cecy bien entendu ſera facile à faire tout ce qu'on deſirera.

F I N.

TABLE DES PROPOSITIONS,
TANT ASTRONOMIQVES, GEOGRAPHIQVES,
Cosmographiques, Geometriques, que
Chorographiques.

Fautes suruenuës en l'Impression,

Page 10 ligne 23. lisez Galieut pour Galieun. Page 12. ligne premiere, lisez l'heure
pour la Lieue. Page 9. ligne 23. lisez ascension pour ascendant. Page 24. ligne 9. lisez fure pour faict. Page 42 ligne 2. lisez ont pour on. Page 53. ligne 25. lisez po-
laire pour pale. Page 71. ligne 5. lisez immerse pour immers.

Pour le dos du Pantecosme,

Ne lire decriment 88 ☉ mais decriment de ☉ 88. Epacte 10. estes 29.

www.ingramcontent.com/pod-product-compliance
Lightning Source LLC
LaVergne TN
LVHW021735170726
843503LV00004B/1581